सेंद्रिय शेती

एक शाश्वत पर्याय

एकनाथ सिताराम राठोड

KAVYA PUBLICATIONS

Publisher:

SDR INNOWAYS INDIA PVT. LTD.
667, Rajaward, Kulpahar, Mahoba - 210426

Imprint:
KAVYA PUBLICATIONS
Plot No.107C, Hanuman Khand, Gulabvatika, Behta Hazipur, Loni-UP (Near Dilshad Garden Delhi) NCR -201102

Mob. : 7905266820
Website : www.kavyapublications.com
E-Mail : info@kavyapublications.com

ISBN : 7978-93-6431-818-1
Price : 249/-
Year : 2025

This book is printed at MTL and published by author Ajay Agrawal, CEO of SDR Innoways India Pvt. Ltd. Kulpahar Mahoba with its imprint and centre, Kavya Publications Delhi.

लेखक परिचय

एकनाथ सिताराम राठोड

नमस्कार शेतकरी मित्रांनो,

मी एकनाथ सिताराम राठोड, गेल्या दहा वर्षांपासून संजीवनी सक्षमीकरण व विकास संस्था, छत्रपती संभाजीनगर या संस्थेमध्ये कार्यरत आहे. संस्थेमार्फत खुलताबाद व कन्नड तालुक्यांमध्ये राबविण्यात येणाऱ्या सेंद्रिय शेती शेतकरी प्रशिक्षण प्रकल्पात ॲग्रोनॉमिस्ट म्हणून मी कार्य पाहतो. हा प्रकल्प सध्या एकूण ४२ गावांमध्ये प्रभावीपणे राबविण्यात येत आहे.

या प्रकल्पांतर्गत शेतकऱ्यांना सेंद्रिय शेतीचे प्रशिक्षण देणे हे माझे मुख्य काम आहे. यासाठी संस्थेमार्फत वेळोवेळी विविध प्रशिक्षण संस्था आणि तज्ज्ञांकडून मला प्रशिक्षण मिळाले आहे. विशेषतः

Organic Cotton Accelerator (OCA) या संस्थेद्वारे वर्षभरात घेतलेल्या पाच वर्कशॉप्समधून सेंद्रिय शेतीचे सखोल प्रशिक्षण पूर्ण केले. या प्रशिक्षणांमध्ये संस्थेचे श्री. अजय केळकर व रवी केळकर अभिनव AHRDO, इंदोर या बंधूंचे अत्यंत मोलाचे मार्गदर्शन लाभले. त्यांनी सेंद्रिय शेतीविषयी दिलेली माहिती अत्यंत उपयुक्त ठरली.

तसेच डॉ. दीपक बोरणारे, प्रमुख व सहयोगी प्राध्यापक, कृषी अभियांत्रिकी विभाग महाराष्ट्र इन्स्टिट्यूट ऑफ टेक्नॉलॉजी (स्वायत्त), छत्रपती संभाजीनगर यांचेही वेळोवेळी बहुमूल्य मार्गदर्शन मिळाले. या सर्व अनुभवांचा मला माझ्या कार्यक्षेत्रात आणि विशेषतः हे पुस्तक लिहिताना खूप मोठा उपयोग झाला.

प्रकल्पात प्रत्यक्ष शेतकऱ्यांसोबत काम करताना अनेक शेतकऱ्यांनी मला अमूल्य सहकार्य केले. त्यांच्या अनुभवांचा आणि मार्गदर्शनाचा या पुस्तकात समावेश करण्याचा प्रयत्न केला आहे.

हे पुस्तक आपल्या सेवेत सादर करताना मला अत्यंत आनंद होत आहे. यात दिलेली माहिती आपण आपल्या शेतामध्ये अमलात आणून सेंद्रिय शेतीकडे वळाल आणि आपल्या शाश्वत भविष्याची पायाभरणी कराल, अशी माझी मनापासून अपेक्षा आहे.

धन्यवाद!

प्रस्तावना

डॉ. दीपक बोरणारे

डॉ. दीपक बोरणारे हे कृषी अभियांत्रिकी क्षेत्रातील एक ज्येष्ठ शैक्षणिक, संशोधक आणि प्रशासक असून त्यांना १७ वर्षांहून अधिक अनुभव आहे. सध्या ते **प्रमुख व सहयोगी प्राध्यापक, कृषी अभियांत्रिकी विभाग** तसेच **उपसंचालक, एमआयटी सेंटर फॉर ॲनालिटिकल रिसर्च अँड स्टडीज, एमआयटी (स्वायत्त), छत्रपती संभाजीनगर** येथे कार्यरत आहेत.

त्यांनी **आयआयटी मुंबई** येथून नैसर्गिक संसाधन अभियांत्रिकी या विषयात पीएच.डी. प्राप्त केली आहे. त्यांनी भारत सरकारच्या नाफेड व NADP सारख्या प्रकल्पांत नेतृत्व केले असून **जैवविघटनशील प्लास्टिक आणि खाद्यपदार्थांचे अन्नपदार्थीय पॅकेजिंग** यावर पेटंट्स देखील घेतले आहेत. त्यांनी इस्रायल,

भूतान, उरुग्वे अशा विविध देशांमध्ये आंतरराष्ट्रीय प्रशिक्षण कार्यक्रमात सहभाग घेतला आहे.

डॉ. बोरणारे हे **CPCB मान्यताप्राप्त Government Analyst, IEI चे चार्टर्ड इंजिनिअर**, आणि विविध शैक्षणिक संस्थांच्या प्रशासकीय समित्यांवर कार्यरत आहेत. त्यांनी जीवनशैली, आरोग्य, हवामान बदल आणि कृषी अभियांत्रिकी विषयांवर विविध शोधनिबंध, प्रस्ताव आणि अभ्यास अहवाल तयार केले आहेत.

सेंद्रिय शेती हा एक महत्त्वाचा विषय आहे, जो पर्यावरणाच्या रक्षणासाठी आणि शाश्वत कृषी पद्धतींच्या वापरासाठी अत्यंत आवश्यक ठरला आहे. सेंद्रिय शेतीच्या पद्धतीने शेती करणे हे केवळ शेतकऱ्यांच्या उत्पन्नासाठी नाही, तर आपल्या ग्रहाच्या आरोग्यासाठी देखील महत्त्वाचे आहे. आजकाल रासायनिक शेतीच्या अवलंबामुळे पर्यावरण, माती आणि पाणी यावर होणारे दुष्परिणाम दिसून येत आहेत. म्हणूनच सेंद्रिय शेतीची गरज वाढली आहे, कारण ती पर्यावरणास हानी न पोहचवता दीर्घकालीन उत्पादनक्षमतेची क्षमता ठेवते.

सेंद्रिय शेतीमध्ये रासायनिक खते आणि कीटकनाशकांचा वापर न करता, निसर्गाच्या विविध घटकांचा वापर केला जातो. गोमूत्र,

शेणखत, जीवामृत आणि वर्मी कंपोस्ट अशा जैविक साधनांचा उपयोग करून मातीची सुपीकता वाढवली जाते आणि पिकांची आरोग्यदायक वाढ सुनिश्चित केली जाते. यामुळे उत्पादनाची गुणवत्ता सुधारते, मातीचा आरोग्य टिकवला जातो आणि पर्यावरणाची हानी कमी होते.

शेतीच्या संदर्भात सेंद्रिय पद्धतीला स्वीकारण्याचे मुख्य कारण म्हणजे, हे पद्धतीं आपल्या मातीला आणि पर्यावरणाला नुकसान न करता शाश्वत शेतीच्या दिशेने मार्गदर्शन करतात. सेंद्रिय शेती ही मातीच्या पोषणतत्त्वांचा वापर आणि त्याच्या जैविक तत्त्वांचा वापर करत आहे, ज्यामुळे शेतीला अधिक टिकाव आणि मजबूती मिळते. ह्या पद्धतीमध्ये मातीला एक जिवंत रचना म्हणून समजले जाते, आणि ती त्या सजीव घटकांचा पोषण कक्ष बनवते.

सेंद्रिय शेतीतील एक महत्त्वाचा मुद्दा म्हणजे पाणी व्यवस्थापन. यामध्ये पाणी संरक्षित करणारी आणि त्याचा अधिकतम वापर करणारी तंत्रे वापरली जातात. ठिबक सिंचन, मल्चिंग आणि आच्छादन यांसारख्या पद्धतींनी पाण्याचा योग्य वापर करून उत्पादन वाढवता येते. सेंद्रिय शेतीमध्ये मातीचा पोत सुधारला जातो, ज्यामुळे माती पाणी शोषून ठेवते आणि त्याचा वापर उत्पादनाच्या वाढीसाठी करण्यात येतो.

तसेच, सेंद्रिय शेतीला बाजारपेठेची चांगली मागणी आहे. जेव्हा शेतकरी सेंद्रिय पद्धतीने पिकांचे उत्पादन करतात, तेव्हा ते उच्च गुणवत्ता असलेल्या उत्पादनांचा पुरवठा करतात, जो बाजारात चांगला मागणी मिळवतो. सेंद्रिय पिकांना केवळ स्थानिक बाजारांमध्येच नाही तर जागतिक स्तरावर देखील मागणी आहे. सेंद्रिय शेतीमुळे शेतकऱ्यांचा उत्पन्न स्थिर होतो आणि त्यांना कमी खर्चात अधिक फायदे मिळतात.

सेंद्रिय शेतीला अनुसरण करतांना शेतकऱ्यांसाठी आवश्यक असलेल्या प्रशिक्षणांची देखील मोठी भूमिका आहे. शेतकऱ्यांना योग्य मार्गदर्शन, तंत्रज्ञान आणि साधने दिली तर सेंद्रिय शेती अधिक प्रभावी ठरते. आजकाल विविध सरकारी आणि खाजगी संस्थांद्वारे सेंद्रिय शेतीसाठी शेतकऱ्यांना प्रशिक्षण दिले जात आहे. यामुळे शेतकऱ्यांना नवीन तंत्रज्ञानाची माहिती मिळते आणि ते आपली शेती अधिक फायदेशीर बनवू शकतात.

आता, जर आपण सेंद्रिय शेतीला एक शाश्वत पर्याय म्हणून स्वीकारले, तर आपण न केवळ शेतकऱ्यांचे जीवन बदलवू शकतो, तर पर्यावरणाचा रक्षणही करू शकतो. यामुळे आपल्या भविष्यातील अन्नसुरक्षेसाठी आणि नैतिकतेसाठी एक महत्त्वाचा पाऊल ठरतो. सेंद्रिय शेती हा एक जीवनशैलीचा अवलंब करणे आणि पृथ्वीवर अधिक शाश्वत भविष्यासाठी काम करणे आहे.

सेंद्रिय शेतीसारख्या महत्त्वपूर्ण आणि सामर्थ्यशाली विषयावर या पुस्तकाचे लेखन केल्याबद्दल लेखकांचे मनापासून कौतुक करणे आवश्यक आहे. लेखक श्री. एकनाथ सिताराम राठोड यांनी सेंद्रिय शेतीच्या तत्त्वज्ञान, पद्धती आणि यशस्विता यावर सखोल आणि विस्तृत माहिती दिली आहे, जी शेतकऱ्यांसाठी अत्यंत उपयुक्त ठरू शकते. त्यांनी या पुस्तकाच्या माध्यमातून शेतकऱ्यांना सेंद्रिय शेतीची महत्त्वाची माहिती दिली आहे, जी केवळ शेतीसाठीच नाही, तर पर्यावरण आणि आरोग्यसाठी देखील अत्यंत फायदेशीर आहे. त्यांच्या अथक प्रयत्नांमुळे शेतकऱ्यांना सेंद्रिय शेतीची संपूर्ण दिशा समजून घेण्याची संधी मिळाली आहे. अशा महत्त्वपूर्ण विषयावर लेखकांचे योगदान निश्चितच गौरवले जावे.

डॉ. दीपक बोरणारे
प्रमुख व सहयोगी प्राध्यापक, कृषी अभियांत्रिकी विभाग
महाराष्ट्र इन्स्टिट्यूट ऑफ टेक्नॉलॉजी (स्वायत्त), छत्रपती संभाजीनगर

समर्पण

माझ्या जीवनप्रवासात अनेक चढ-उतारांचा सामना केला आहे. काही अनुभव अत्यंत सुखद होते तर काही दुःखद, पण प्रत्येक अनुभवाने मला घडवले, शिकवले आणि जीवनाचा खरा अर्थ समजावून दिला. या प्रवासात काही जण हितशत्रू ठरले, तर काही खरे हितचिंतक बनले. काहींनी चुकीचा मार्ग दाखवला, तर काहींनी योग्य दिशा देत मार्गदर्शन केले.

वडिलोपार्जित अठराविश्व दारिद्र्य लाभले असतानाही, माझ्या आई-वडिलांनी माझ्या शिक्षणात किंवा जडणघडणीत कधीही कमतरता भासू दिली नाही. त्यांनी दिलेल्या मूल्यांचं बाळकडू आणि जीवनाला दिलेली शिस्त माझ्यासाठी खरा भांडवल ठरले. मला सदैव सद्वर्तनात राहण्याचं बळ त्यांनी दिलं. आज ते हयात नसले तरी त्यांची शिकवण आणि आशीर्वाद हेच माझं आयुष्य घडवणारे मार्गदर्शक आहेत. त्यांच्या ऋणातून मी कधीच मुक्त होऊ शकणार नाही – अगदी अख्खं आयुष्य समर्पित करूनही.

त्याचप्रमाणे, माझ्या आयुष्यात 'बळ' म्हणजे काय हे मी प्रत्यक्ष अनुभवले ते माझ्या बहिणीमुळे – कौशल्या जाधव. ती स्वतः अशिक्षित असूनसुद्धा, तिने स्वतःचं संपूर्ण आयुष्य पणाला लावून आमच्या तीन भावांच्या शिक्षणाचा भार स्वतःच्या खांद्यावर घेतला. तिच्या त्यागामुळेच आमचं आयुष्य फुलले. मी आज जे काही आहे, ते फक्त आणि फक्त तिच्यामुळेच. त्यामुळे हे पुस्तक मी संपूर्णपणे माझ्या बहिणीला समर्पित करत आहे – एक अशिक्षित पण खऱ्या अर्थाने 'शिक्षक' असलेल्या बहिणीला.

व्यावसायिक जीवनातही मला अनेक संकटांना सामोरं जावं लागलं. एक काळ असा होता की मी जीवनाच्या मार्गावरून भरकटलो होतो. त्या काळात माझ्या संस्थेचे तत्कालीन कार्यकारी संचालक मा. श्री. जे. आर. पवार साहेब यांनी मला परिवारातील सदस्याप्रमाणे प्रेम, जिव्हाळा व आत्मीयता दाखवत योग्य मार्गदर्शन दिले. त्यांच्या सहानुभूतीपूर्ण मार्गदर्शनामुळे मी योग्य मार्गावर परत आलो. मी त्यांच्या सदैव ऋणी आहे.

माझ्या यशात माझ्या बालपणीच्या मित्राचा – श्री. अशोक राठोड याचा खूप मोठा वाटा आहे. आमचं बालपण, शिक्षण आणि अगदी

नोकरीपर्यंतचा प्रवास एकत्र झाला. तो केवळ मित्र नव्हे, तर प्रत्येक टप्प्यावरचा आधारस्तंभ आहे. त्याचेही मी मनःपूर्वक आभार मानतो.

या पुस्तकाला प्रस्तावना देणारे बोरनारे सर यांचे मी विशेष आभार मानतो. त्यांनी मला सेंद्रिय शेती या विषयात सखोल मार्गदर्शन केलं आणि वेळोवेळी योग्य सल्ला दिला.

या संपूर्ण जीवनप्रवासात, माझं आयुष्य सावरणारे–कधी प्रेमाने, तर कधी कठोर शब्दांनी मला योग्य दिशा देणारे–माझे दोन्ही लहान भाऊ आणि माझी पत्नी यांचेही मी आभार मानतो.

शेवटी, माझ्या आयुष्यात आलेल्या प्रत्येक व्यक्तीचे–जरीत्या चांगल्या असोत किंवा कठीण प्रसंगांत सामोरे गेलेल्या– मनःपूर्वक आभार. त्यांच्या प्रत्येक भूमिकेने मला घडवलं आहे. माझं आयुष्य समृद्ध केलं आहे.

प्रकरणरचना

प्रकरण १: सेंद्रिय शेती – एक परिचय

ऐतिहासिक पार्श्वभूमी:

मानवाने शेती करायला सुरुवात केल्यापासून तो निसर्गाशी सुसंवाद साधत अन्न उत्पादन करत आला आहे. मात्र शेतीत रासायनिक पदार्थांचा प्रवेश झाल्यापासून पर्यावरण व आरोग्यावर विपरीत परिणाम होऊ लागले. यामुळे "सेंद्रिय शेती" ही संकल्पना पुन्हा एकदा केंद्रस्थानी आली आहे. भारतामध्ये प्राचीन काळापासून शेणखत, हिरवळीचे खत, नैसर्गिक बियाणे यांचा वापर केला जात होता. पाण्याचा योग्य वापर, पंचांगावर आधारित शेती व विविधतेचे जतन यामुळे पारंपरिक शेती टिकून राहिली होती. मात्र हरित क्रांतीनंतर रासायनिक पद्धतींनी शेतजमिनीचा ऱ्हास सुरू झाला.

आजच्या यांत्रिकीकरण आणि रासायनिक शेतीच्या युगात, मानवी आरोग्य, मातीची सुपीकता, पर्यावरणाचे रक्षण आणि दीर्घकालीन शाश्वत शेती यावर गंभीर प्रश्न निर्माण झाले आहेत. या पार्श्वभूमीवर सेंद्रिय शेती ही एक पर्यायी आणि शाश्वत शेतीची दिशा दाखवणारी पद्धत ठरत आहे. सेंद्रिय शेती म्हणजे रासायनिक खतांशिवाय,

कीटकनाशके आणि कृत्रिम घटकांपासून मुक्त शेती, जी नैसर्गिक संसाधनांचा समतोल साधत शेती करते.

सेंद्रिय शेती म्हणजे काय?

सेंद्रिय शेती म्हणजे अशी शेती पद्धत जिथे रासायनिक खते, कीटकनाशके, जीवाणुनाशके, आणि जनुकीयदृष्ट्या सुधारित बियाण्यांचा वापर न करता, नैसर्गिक घटकांचा वापर केला जातो. सेंद्रिय शेतीत गोमूत्र, शेणखत, कंपोस्ट, हरितखत, जैविक कीटकनाशक, आणि पीक पद्धतीचा योग्य नियोजन वापर केला जातो.

सेंद्रिय शेतीचे महत्त्व:

1. मातीचे आरोग्य टिकवते: सेंद्रिय पदार्थांचा वापर जमिनीत सूक्ष्मजीवांची वाढ होण्यास मदत करतो.

2. मानवी आरोग्यासाठी फायदेशीर: सेंद्रिय अन्नामध्ये विषारी अवशेष नसतात.

3. पर्यावरणस्नेही: रासायनिक प्रदूषण टाळले जाते.

4. कीटक व रोगप्रतिकारक क्षमता: सेंद्रिय शेतीत पिकांमध्ये नैसर्गिक प्रतिकारशक्ती निर्माण होते.

सेंद्रिय शेतीचे तत्त्वज्ञान

1. प्रकृतीशी सुसंवाद: सेंद्रिय शेती ही निसर्गाशी समन्वय साधते.

2. मातीची सुपीकता टिकवणे: माती जिवंत ठेवून त्यातील जैविक प्रक्रियांना चालना देणे.

3. शाश्वतता: दीर्घकालीन उत्पादनक्षमतेवर भर.

4. स्थानिक संसाधनांचा वापर: उपलब्ध नैसर्गिक स्त्रोतांचा योग्य वापर.

5. आरोग्यदायी अन्ननिर्मिती: रासायनिक अंशरहित अन्न तयार करणे.

सेंद्रिय शेतीची गरज का आहे?

1. आरोग्याचे संरक्षण: रासायनिक अन्नामुळे होणाऱ्या आजारांपासून मुक्ती.

2. मातीचा ऱ्हास टाळणे: रासायनिक खतांमुळे मातीच्या सुपीकतेवर होणारा परिणाम रोखणे.

3. पाणीप्रदूषण थांबवणे: रासायनिक शेतीमुळे पाण्यात मिसळणारे रसायने टाळणे.

4. बायोडायव्हर्सिटीचे संरक्षण: विविध कीटक, पक्षी, जिवसृष्टीचे संवर्धन.

5. शाश्वत उत्पन्नाचा स्रोत: दीर्घकाळ टिकणारी उत्पादनशक्ती.

सेंद्रिय शेतीचा इतिहास

प्राचीन भारतात वैदिक काळापासून नैसर्गिक शेतीचे प्रमाण होते.

'ऋषींची शेती' म्हणून ओळखली जाणारी पद्धत माती व निसर्गाशी नाते जोडणारी होती.

१९०० च्या दशकात सर अ‍ॅल्बर्ट हॉवर्ड यांनी भारतात पारंपरिक शेतीचा अभ्यास केला आणि सेंद्रिय शेतीचा प्रचार केला.

भारतात अन्न सुरक्षा व हरित क्रांतीनंतर रासायनिक शेतीचे प्रमाण वाढले, परंतु त्याचे परिणाम दिसू लागल्यावर पुन्हा जैविक पद्धतीकडे वळण्याची गरज निर्माण झाली.

सेंद्रिय शेतीचे फायदे

१. आरोग्यदायी उत्पादन

रसायनमुक्त अन्न मानवासाठी सुरक्षित.

अन्नात अँटीऑक्सिडंट्सचे प्रमाण अधिक.

२. मातीचे आरोग्य

मातीतील जैविक घटक वाढतात.

सुपीकता व जलधारणक्षमता सुधारते.

३. पर्यावरणपूरक

प्रदूषण कमी होते.

नैसर्गिक संसाधनांचे संवर्धन होते.

४. शाश्वत शेती

दीर्घकाळ टिकणारे उत्पन्न व उत्पादन.

हवामान बदलांना तोंड देण्याची क्षमता वाढते.

५. आर्थिक लाभ

सेंद्रिय उत्पादने बाजारात अधिक किमतीला विकली जातात.

खर्चावर नियंत्रण – रासायनिक खते, औषधांवरचा खर्च वाचतो.

सेंद्रिय शेतीत वापरले जाणारे घटक

1. शेणखत – नैसर्गिक खताचा स्रोत.

2. गोमूत्र – कीटकनाशक व जैविक टॉनिक.

3. जीवामृत व घनजीवामृत – मातीसाठी पोषणद्रव्ये.

4. नाडेप कंपोस्ट / वर्मी कंपोस्ट – जैविक खत.

5. पंचगव्य – पोषणद्रव्ययुक्त जैविक घटक.

6. हरितखत – जमीन भुसभुशीत ठेवण्यास मदत.

भारतातील सेंद्रिय शेतीचा विस्तार

भारतात उत्तराखंड, सिक्कीम, मध्य प्रदेश, महाराष्ट्र, कर्नाटक, राजस्थान या राज्यांमध्ये सेंद्रिय शेतीचा मोठा प्रसार झाला आहे.

सिक्कीम हे भारतातील पहिले संपूर्ण सेंद्रिय राज्य आहे.

केंद्र सरकारने "राष्ट्रीय सेंद्रिय शेती अभियान", "परंपरागत कृषि विकास योजना (PKVY)" इ. योजनांद्वारे प्रचार सुरू केला आहे.

APEDA ही संस्था सेंद्रिय शेतीच्या प्रमाणीकरणासाठी जबाबदार आहे.

महाराष्ट्रातील सेंद्रिय शेती

विदर्भ, मराठवाडा, कोकण भागांत अनेक शेतकरी सेंद्रिय शेतीकडे वळले आहेत.

पालघर, नाशिक, पुणे, सोलापूर, सांगली भागात सेंद्रिय उत्पादक शेतकरी समूह तयार झाले आहेत.

काही शेतकरी सेंद्रिय उत्पादन थेट ग्राहकांपर्यंत पोहोचवत आहेत.

बाजारपेठेसाठी 'फार्मर टू कस्टमर' (F2C) मॉडेल उभारले जात आहे.

सेंद्रिय शेतीची आव्हाने

सुरुवातीला उत्पादनात घट.

बाजारपेठ व ग्राहकांपर्यंत पोहोचण्यात अडचणी.

प्रमाणीकरणाची प्रक्रिया गुंतागुंतीची.

माहिती व प्रशिक्षणाचा अभाव.

सेंद्रिय शेती ही केवळ एक शेती पद्धत नसून ती जीवनशैली, तत्त्वज्ञान आणि पर्यावरणीय समजूतदारपणाचा अविभाज्य भाग आहे. आजच्या काळात सेंद्रिय शेती ही आरोग्य, पर्यावरण आणि शाश्वत विकासाच्या दृष्टीने अत्यंत आवश्यक आहे. योग्य प्रशिक्षण, योजना, बाजारपेठ आणि शेतकऱ्यांचा सहभाग मिळाल्यास सेंद्रिय शेतीचा अधिक व्यापक प्रसार होऊ शकतो.

पुढील दिशा

शेतकऱ्यांना सेंद्रिय शेतीचे प्रशिक्षण द्यावे.

शेतमालासाठी थेट बाजारपेठ उपलब्ध करून द्यावी.

शासनाने सबसिडी आणि तांत्रिक मदतीत वाढ करावी.

सेंद्रिय उत्पादनाचे प्रमाणीकरण सुलभ करावे.

प्रकरण २: सेंद्रिय शेतीचे तत्त्वज्ञान (Organic Farming Philosophy)

ऐतिहासिक पार्श्वभूमी

भारतीय शेती प्राचीन काळापासूनच नैसर्गिक तत्वांवर आधारलेली होती. ऋषी-मुनिंपासून ते ग्रामीण शेतकऱ्यांपर्यंत सर्वांनी निसर्गाशी ताळमेळ साधत शेती केली. ब्रिटिश काळात रसायने आणि यांत्रिकता आली, आणि हरित क्रांतीनंतर रासायनिक शेती वाढली. मात्र त्यामुळे पर्यावरणीय, आरोग्यसंबंधी आणि आर्थिक नुकसान होऊ लागले. या पार्श्वभूमीवर सेंद्रिय शेतीचा तत्त्वज्ञानात्मक पुनरुज्जीवन झाला.

सेंद्रिय शेती म्हणजे केवळ रसायनविरहित शेती नव्हे, तर ती एक जीवनपद्धती, निसर्गाशी सुसंवाद करणारा विचार आणि एक व्यापक तत्त्वज्ञान आहे. सेंद्रिय शेती निसर्गाच्या चक्रांशी सुसंगत राहून उत्पादन घेते. यात मानवी जीवन, माती, पाणी, पर्यावरण आणि सर्व जैविक घटक यांचा सन्मान राखला जातो. आधुनिक रसायनयुक्त शेतीच्या तोट्यांमुळे पुन्हा सेंद्रिय शेतीकडे वळण्याची गरज निर्माण झाली आहे.

सेंद्रिय शेतीमागील तत्त्वज्ञान

अ. जैविक सुसंगती (Ecological Harmony)

सेंद्रिय शेती निसर्गाच्या चक्रांशी जुळून राहते. माती, पाणी, प्राणी, कीटक, वनस्पती – या सर्व घटकांचे एक परिपूर्ण समन्वय राखण्यावर भर दिला जातो.

ब. शाश्वत विकास (Sustainability)

रसायनांचा वापर न करता अनेक पिढ्यांसाठी उपयुक्त, सातत्यपूर्ण उत्पादन मिळवण्याचा उद्देश असतो. ही शेती मातीचा पोत, जलस्तर आणि जैवविविधता जपते.

क. आरोग्यदायी अन्न (Wholesome Food)

सेंद्रिय शेतीतून मिळणारे अन्न रसायनमुक्त, पोषक आणि आरोग्यास लाभदायक असते. ही शेती माणसाच्या शारीरिक आणि मानसिक आरोग्याचा विचार करते.

ड. नैतिकता आणि सामाजिक जबाबदारी

सेंद्रिय शेती फक्त उत्पादनापुरती मर्यादित नसून, ती माणसाच्या निसर्गाशी असलेल्या नात्याचे भान ठेवते. प्राणी, वनस्पती आणि इतर जैविक घटकांप्रती आदर दाखवते.

सेंद्रिय शेतीचे चार मूलभूत तत्त्वे (IFOAM नुसार)

१. आरोग्याचे तत्त्व (Principle of Health)

माती, वनस्पती, प्राणी, मानव – सर्वांचा आरोग्य परस्परावलंबी आहे. सेंद्रिय शेती मातीचे आरोग्य जपते आणि त्या माध्यमातून मानवाचेही आरोग्य राखते.

२. पर्यावरणाशी नाते (Principle of Ecology)

सेंद्रिय शेती निसर्गाचे नियम पाळते. मातीची सुपीकता, जैवविविधता आणि नैसर्गिक परिसंस्थांशी सुसंगत शेती करणं हे या तत्त्वाचं केंद्रबिंदू आहे.

३. न्यायाचे तत्त्व (Principle of Fairness)

शेती करताना सामाजिक न्याय, पशु-कल्याण, शेतकऱ्यांचा अधिकार, आणि पर्यावरणाचे संरक्षण यांचा विचार होतो.

४. काळजीचे तत्त्व (Principle of Care)

नवीन तंत्रज्ञान, प्रयोग यांचा वापर करताना साशंकता आणि काळजी बाळगणे आवश्यक आहे. अंधानुकरण टाळून निसर्गपूरक उपायांचा अवलंब केला जातो.

पर्यावरणीय दृष्टीकोन

जैवविविधतेचे जतनः

सेंद्रिय शेतीमध्ये एकाच पिकावर अवलंबून न राहता आंतरपीक व मिश्रपीक घेतले जाते. हे कीड नियंत्रण, पोषणसंतुलन आणि मातीचे आरोग्य सुधारण्यासाठी उपयुक्त ठरते.

माती ही जिवंत आहेः

सेंद्रिय तत्त्वज्ञान मातीला एक 'सजीव' मानते. त्यामुळे रासायनिक पदार्थांपासून दूर राहून मातीच्या सजीवतेचा विकास केला जातो.

सेंद्रिय शेती मातीची सुपीकता टिकवते, जैवविविधता वाढवते, जलप्रदूषण आणि भूजल पातळीचे नुकसान टाळते. कीटकनाशके, रासायनिक खतांपासून मुक्त वातावरण निर्मिती करते. त्यामुळे पर्यावरणास अनुकूल शेती पद्धती म्हणून तिचा विचार होतो.

सेंद्रिय शेती व जीवनशैली

सेंद्रिय शेती हे केवळ उत्पादनाचे साधन नाही, तर ती एक जीवनशैली आहे. यात शाश्वतता, संयम, नैतिकता, आणि निसर्गाशी

एकरूपता यांचा समावेश असतो. अशा प्रकारे शेतकरी केवळ उत्पादक न राहता निसर्गाचा सहकारी होतो.

आधुनिक युगातील सेंद्रिय तत्त्वज्ञानाची गरज

आजच्या काळात रसायनयुक्त अन्नामुळे अनेक आजार वाढले आहेत. जलप्रदूषण, मातीची धूप, जैविक घटकांचे नाश, या सर्व समस्यांवर सेंद्रिय शेती एक उपाय ठरू शकते. म्हणूनच सेंद्रिय तत्त्वज्ञान पुन्हा एकदा महत्त्वाचे झाले आहे.

निष्कर्ष

सेंद्रिय शेती हे एक तत्त्वज्ञान आहे, केवळ शेतीचे तंत्र नाही. मातीशी, निसर्गाशी, मानवतेशी असलेले नाते जपणे हे तिचे केंद्रबिंदू आहे. सेंद्रिय शेती म्हणजे आरोग्य, न्याय, सुसंवाद, आणि निसर्गाशी मैत्री. हे तत्वज्ञान केवळ शेतकऱ्यांसाठी नाही, तर संपूर्ण मानवजातीसाठी महत्त्वाचे आहे.

स्थानिक संसाधनांचा वापरः

गोबर, गोमुत्र, झाडांची पाने, शेतीतील अवशेष यांचा वापर खत व औषधांसाठी केला जातो.

सातत्यपूर्ण व शाश्वत उत्पादनः

सेंद्रिय शेती हे अल्पकालीन नफा नव्हे तर दीर्घकालीन उत्पादन व पर्यावरणाचे रक्षण यावर भर देते.

सेंद्रिय शेतीची गरज का आहे?

प्रकरण ३: सेंद्रिय शेतीचे प्रकार व प्रणाली

"एक ना धड भाराभर चिंध्या" असं होऊ नये म्हणून सेंद्रिय शेती करताना योग्य प्रकार व पद्धती निवडणं फार महत्त्वाचं आहे. कारण जमिनीचा प्रकार, हवामान, पाण्याची उपलब्धता आणि शेतकऱ्याची क्षमता यावर शेतीचा प्रकार ठरतो.

सेंद्रिय शेती ही केवळ रासायनिकमुक्त शेती नाही तर ती एक संपूर्ण जीवनशैली आहे. विविध भौगोलिक, सांस्कृतिक आणि पर्यावरणीय घटकांनुसार सेंद्रिय शेतीचे अनेक प्रकार विकसित झाले आहेत. या प्रकारांचे उद्दिष्ट म्हणजे निसर्गाशी सुसंगत पद्धतीने अन्न उत्पादन करणे. खाली आपण सेंद्रिय शेतीचे प्रमुख प्रकार सविस्तर पाहणार आहोत.

प्रमुख सेंद्रिय शेतीचे प्रकार:

१. परंपरागत सेंद्रिय शेती (Traditional Organic Farming)

वैशिष्ट्ये:

पारंपरिक भारतीय पद्धतीवर आधारित.

शेतीतील कचरा, गोमूत्र, शेणखत, वर्मी कंपोस्ट यांचा वापर.

जमिनीची सुपीकता टिकवण्यावर भर.

फायदे:

स्वस्त व स्थानिक साधनसामुग्रीचा वापर.

जमिनीचे आरोग्य सुधारते.

पिकांची चव व पोषणमूल्य वाढते.

उदाहरण:

विदर्भातील काही शेतकरी अजूनही बैलजोडीच्या मदतीने नांगरणी करतात व घरच्या शेणखतातून खत तयार करतात.

२. जैविक सेंद्रिय शेती (Bio-organic Farming)

वैशिष्ट्ये:

जैविक खतांचा वापर: वर्मी कंपोस्ट, जीवामृत, घनजीवामृत.

जैव कीटकनाशकांचा वापर.

फायदे:

कीटकनियंत्रण सेंद्रिय मार्गाने होते.

उत्पन्न टिकवून ठेवते.

पर्यावरणाला हानी होत नाही.

उदाहरण:

पुणे जिल्ह्यातील शेतकरी जैविक कीटकनाशक बनवून तण व कीटक नियंत्रण करतात.

३. शून्य खर्च सेंद्रिय शेती (Zero Budget Natural Farming - ZBNF)

जनक:

पद्मश्री सुभाष पाळेकर

वैशिष्ट्ये:

पूर्णतः स्थानिक साधनसामुग्रीवर आधारित.

जीवामृत, बीजामृत, आच्छादन (मल्चिंग), वाफसाची (moisture retention) संकल्पना.

फायदे:

खर्च जवळपास शून्य.

जमीन सुधारते व कीटक नियंत्रण होते.

छोट्या शेतकऱ्यांसाठी उपयुक्त.

उदाहरण:

कर्नाटक व महाराष्ट्रात हजारो शेतकरी झेडबीएनएफचा अवलंब करत आहेत.

४. वर्मी कंपोस्ट आधारित शेती (Vermicompost-based Organic Farming)

वैशिष्ट्ये:

गांडुळांद्वारे जैविक कचऱ्याचे उच्च प्रतीच्या खतात रूपांतर.

जमिनीतील सेंद्रिय कर्ब वाढतो.

फायदे:

मृदासंवर्धन होते.

पाण्याची धारण क्षमता वाढते.

कीटक व रोगप्रतिकारशक्ती वाढते.

उदाहरण:

सोलापूर जिल्ह्यातील काही शेतकरी ५ टन वर्मी खत वर्षाला तयार करतात.

५. नैसर्गिक शेती (Natural Farming)

वैशिष्ट्ये:

नांगरणी नाही, रासायनिक खते नाहीत.

निसर्गाच्या चक्रांवर आधारित.

फायदे:

जमिनीतील जैविक घडामोडी टिकून राहतात.

पाणी व ऊर्जा बचत होते.

६. बायोडायनॅमिक शेती (Biodynamic Farming)

जनक: रुडॉल्फ स्टेनर (जर्मनी)

वैशिष्ट्ये: खगोलशास्त्रावर आधारित शेती.

बायोडायनॅमिक प्रिपरेशन्स (BD-500 ते BD-508) चा वापर.

फायदे: जमिनीचे आरोग्य व उर्जेचा समतोल राखतो.

शेतीचे उत्पादन व पौष्टिकता वाढते.

उदाहरण: कोणत्याही महिन्याच्या ग्रहस्थितीनुसार बियाणे पेरणी केली जाते.

७. इंटरक्रॉपिंग आधारित सेंद्रिय शेती

वैशिष्ट्ये: दोन किंवा अधिक पिके एकत्र लावली जातात.

एकमेकांना पूरक पिकांची निवड.

फायदे: जमिनीतील पोषणतत्त्वांचा समतोल वापर.

कीटक नियंत्रण नैसर्गिकपणे होते, उत्पन्न वाढते.

उदाहरण: उडीद व भात, हरभरा व गहू अशी एकत्र लागवड.

८. एकात्मिक सेंद्रिय शेती प्रणाली (Integrated Organic Farming)

वैशिष्ट्ये: शेतीसह पशुपालन, मत्स्यपालन, फळबाग, कुक्कुटपालन यांचा समावेश.

एक प्रणाली दुसऱ्याला पूरक ठरते.

फायदे: उत्पन्नाचे विविध स्रोत,जैविक कचऱ्याचे पुनर्वापर, जोखमीचे व्यवस्थापन.

उदाहरण: पंजाबातील काही शेतकरी गायी, मासे आणि भाजीपाला शेती एकत्र करतात.

९. पर्माकल्चर (Permaculture)

जनक: बिल मोलिसन आणि डेव्हिड होल्मग्रेन (ऑस्ट्रेलिया)

वैशिष्ट्ये: नैसर्गिक परिसंस्थेप्रमाणे रचना.

दीर्घकालीन शाश्वत शेती.

फायदे: नैसर्गिक संसाधनांचे संवर्धन, पर्यावरणपूरक उत्पादन.

उदाहरण: कर्नाटकातील काही प्रकल्पांमध्ये पर्माकल्चर तत्त्वांचा अवलंब.

१०. नगर सेंद्रिय शेती (Urban Organic Farming)

वैशिष्ट्ये: शहरी भागात छतावर, अंगणात किंवा कुंडीत शेती, कंपोस्टिंग, जैविक खते, सेंद्रिय बियाणे वापर.

फायदे: ताजे व रसायनमुक्त अन्न शहरात मिळते, कुटुंबाचे आरोग्य सुधारते.

उदाहरण: मुंबई, पुण्यातील अनेक गृहिणी छोट्या जागेत भाजीपाला पिकवतात.

निष्कर्ष

सेंद्रिय शेतीचे विविध प्रकार ही निसर्गाशी सुसंगत, पर्यावरणपूरक आणि आरोग्यदायी शेतीची विविध रूपे आहेत. शेतकऱ्यांनी आपल्या गरजेनुसार व भौगोलिक परिस्थितीनुसार योग्य प्रकार निवडून शेतीत प्रयोग करायला हवा. यामुळे उत्पादन वाढवता येते आणि निसर्गही जपता येतो.

प्रकरण ४: सेंद्रिय माती व्यवस्थापन व सुपीकता वाढवण्याचे उपाय

माती ही सेंद्रिय शेतीची आत्मा आहे. ती जिवंत असेल, तरच पीक जोमाने वाढेल. सेंद्रिय शेतीत मातीच्या सजीवतेला केंद्रस्थानी ठेवून शेती केली जाते. सुपीक व सजीव मातीशिवाय कोणतीही पीकपद्धती यशस्वी होऊ शकत नाही. रासायनिक शेतीमुळे मातीतील सजीव घटक, पोत, सेंद्रिय कर्ब व पाणी धरून ठेवण्याची क्षमता कमी झाली आहे. सेंद्रिय शेतीमध्ये मातीची सुपीकता टिकवणे आणि वाढवणे हे प्राथमिक उद्दिष्ट असते. यासाठी मातीचे सेंद्रिय व्यवस्थापन करणे अत्यंत आवश्यक आहे.

२. मातीचे प्रकार व त्याचे वैशिष्ट्ये

काळी माती – कपाशी, तूर यासाठी उत्तम. पाणी धरून ठेवण्याची क्षमता जास्त.

पांढरी माती – हलकी व कमी सुपीक. डोंगराळ भागात आढळते.

लाल माती – पावसाच्या पाण्याने झिजलेली, लोखंडयुक्त.

रेती माती – हलकी, पाण्याचा निचरा जलद होतो. सेंद्रिय घटक कमी.

प्रत्येक मातीचा प्रकार लक्षात घेऊन त्याचे व्यवस्थापन केले पाहिजे.

३. सेंद्रिय माती व्यवस्थापन म्हणजे काय?

सेंद्रिय माती व्यवस्थापन म्हणजे मातीतील सेंद्रिय घटक वाढवणे, त्यातील सजीवांचे संवर्धन करणे, आणि मातीचे पोषण चक्र टिकवून ठेवणे. यासाठी खालील उपाय उपयोगी आहेत:

सेंद्रिय खतांचा वापर, हरित खतांची लागवड, पीक फेरपालट, आच्छादन (Mulching), गांडूळ खत,

जीवामृत, संजीवक वापर.

४. मातीतील सेंद्रिय कर्बाचे महत्त्व

सेंद्रिय कर्ब मातीला जीवन देतो. तो मातीचे पोत सुधारतो, पाणी धारण करण्याची क्षमता वाढवतो आणि मातीतील सुक्ष्मजीवांचे अन्न म्हणून काम करतो.

सेंद्रिय कर्बाचे फायदे: पीक उत्पादनात सातत्य, पाण्याची आवश्यकता कमी, खतांचा कार्यक्षम वापर, मातीची धूप व झीज रोखणे.

५. सुपीकता वाढविण्याचे सेंद्रिय उपाय

(१) सेंद्रिय खतांचा वापर:

शेणखत: पारंपरिक पण परिणामकारक. १०-१५ टन/हेक्टर प्रमाणे वापरावे.

गांडूळ खत (Vermicompost): उच्च दर्जाचे खत. २-५ टन/हेक्टर.

निंबोळी खत, हिरवळ खत, कंपोस्ट: हे सर्व मातीतील पोषणचक्र सक्रिय करतात.

(२) जीवामृत व संजीवकांचा वापर:

गोमूत्र, शेण, गूळ व बेसन यांचे मिश्रण करून तयार केले जाते.

मातीतील सूक्ष्मजीव वाढवून पोषण प्रक्रियेत मदत करते.

वापर: २०० लिटर जीवामृत प्रति एकर दर १५ दिवसांनी.

(३) हरित खतांची लागवड:

ढेंचा, सनई, मुळे धरणारी वनस्पती.

खत न वापरता नायट्रोजन पुरवठा होतो.

पिकांमध्ये पीकपूर्व कालावधीत लावून नांगरणी करतात.

(४) पीक फेरपालट:

एका पीकानंतर दुसरे भिन्न पीक लावल्याने मातीतील पोषणसंतुलन राहते.

रोगप्रतिकारशक्ती वाढते, किडींचा प्रादुर्भाव कमी होतो.

(५) आच्छादन (Mulching):

सुकलेले गवत, पालापाचोळा, ऊसाचे फड यांचे झाकण.

मातीचा ओलावा टिकतो, गवत उगवत नाही, सूक्ष्मजीवांच्या कार्यक्षमतेत वाढ.

६. मृदजैविक घटकांचे संवर्धन

मातीतील बॅक्टेरिया, अॅझोटोबॅक्टर, मायकोरायझा हे सजीव अत्यंत उपयुक्त.

सेंद्रिय पद्धतीने खत घातल्यास हे सजीव वाढतात.

रासायनिक खत/कीटकनाशक टाळल्यास त्यांची संख्या टिकते.

७. मातीची तपासणी व आरोग्य अहवाल

दर दोन वर्षांनी मातीची तपासणी करावी.

मातीतील pH, नत्र, स्फुरद, पालाश, सेंद्रिय कर्ब, सुक्ष्म अन्नद्रव्ये यांची माहिती मिळते.

त्यावरून योग्य खत व्यवस्थापन करता येते.

८. पाण्याचे योग्य व्यवस्थापन

अधिक सिंचनामुळे मातीतील घटक धुतले जातात.

ठिबक सिंचन, फेर सिंचनाचे नियोजन केल्यास मातीची धूप कमी होते.

नमी टिकवण्यासाठी आच्छादन उपयोगी.

९. सेंद्रिय तंत्रज्ञान व संशोधन

ICAR, ATMA, कृषी विज्ञान केंद्रे यांच्याकडून वेळोवेळी मार्गदर्शन.

मृदसंधारणासाठी जैविक उपाय व वापरलेली उपकरणे.

ॲप्स, वेब पोर्टलद्वारे मातीचा आरोग्य अहवाल ऑनलाईन मिळवता येतो.

निष्कर्ष

सेंद्रिय माती व्यवस्थापन हे फक्त एक तांत्रिक प्रक्रिया नसून, ती शाश्वत शेतीच्या दिशेने एक पाऊल आहे. सुपीकता ही केवळ उत्पादन वाढवण्यासाठी नसून, ती पर्यावरण, आरोग्य व निसर्गस्नेही जीवनशैली टिकवण्यासाठी महत्त्वाची आहे. त्यामुळे सेंद्रिय माती व्यवस्थापन हे प्रत्येक शेतकऱ्याने आत्मसात करणे गरजेचे आहे.

प्रकरण ५: सेंद्रिय खतांचे प्रकार व तयार करण्याच्या पद्धती

सेंद्रिय शेतीत सेंद्रिय खतांना अत्यंत महत्त्वाचे स्थान आहे. जमिनीची सुपीकता टिकवून ठेवण्यासाठी, उत्पादन वाढवण्यासाठी आणि पीकांचे आरोग्य सुधारण्यासाठी सेंद्रिय खतांचा वापर अनिवार्य आहे. सेंद्रिय खते ही नैसर्गिक स्रोतांपासून तयार होतात आणि त्यांचा पर्यावरणावर कुठलाही अपाय होत नाही.

सेंद्रिय खतांचे मुख्य प्रकार

1. कंपोस्ट खत (Compost)

2. वर्मी कंपोस्ट (Vermicompost)

3. जैविक घन खत (NADEP खत)

4. जैविक द्रव खते (Liquid Fertilizers)

जीवामृत

दशपर्णी अर्क

पंचगव्य

5. हंगामी हिरवळ खत (Green Manure)

6. गोमूत्र व शेण खत

7. हाडखत व मासखत

8. अन्नधान्य व किचन वेस्ट खत

1. कंपोस्ट खत

परिचय:

कंपोस्ट खत म्हणजे वनस्पती अवशेष, शेण, पालापाचोळा इ. जैविक घटकांचा विघटन करून तयार होणारे खत.

तयार करण्याची पद्धत:

एक खड्डा खोदावा (3x3x3 फूट)

पालापाचोळा, शेण, किचन वेस्ट टाकावा

दर 7-10 दिवसांनी ढवळावे

साधारणतः 60-90 दिवसांत खत तयार होते

फायदे: मातीची जलधारण क्षमता वाढते, सेंद्रिय कर्बाची पातळी सुधारते, झाडांना संतुलित पोषण मिळते

2. वर्मी कंपोस्ट (गांडूळ खत)

परिचय:

गांडुळांच्या सहाय्याने जैविक घटकांचे विघटन करून तयार केलेले खत.

तयार करण्याची पद्धत:

एक सिमेंटचा टाकी/ट्रे तयार करा

त्यात ओलसर शेण व पालापाचोळा टाका

गांडुळे सोडा (Eisenia foetida जातीचे चांगले असतात)

दररोज थोडे पाणी शिंपडा

45-60 दिवसांत गांडूळ खत तयार

फायदे: झपाट्याने विघटन, अन्नघटकांची उपलब्धता जास्त, मुळांना मजबुती देणारे

3. जैविक घन खत (NADEP खत)

परिचय:

NADEP टाकीत तयार होणारे कंपोस्ट खत

तयार करण्याची पद्धत:

एक विटांनी बांधलेली NADEP टाकी तयार करा

टाकीत 1-1.5 फुटाचे थर:

1. सुकलेले जैविक पदार्थ
2. शेण
3. माती

दर थरात पाणी शिंपडावे

90 दिवसांत खत तयार

फायदे:

मोठ्या प्रमाणात खत तयार होते

टिकाऊ आणि समृद्ध खत

4. जैविक द्रव खते

(a) जीवामृत

साहित्य:

10 लि पाणी

1 लि गोमूत्र

1 किलोग्राम गायीचे शेण

50 ग्रॅम गुराच्या भुकटी

1 मूठ हरभरा पीठ

तयार करण्याची पद्धत:

सर्व घटक एकत्र करून भिजवावे. सावलीत ठेवून 2 दिवस ढवळावे. तिसऱ्या दिवशी वापरण्यास तयार.

(b) दशपर्णी अर्क

साहित्य:

दहा प्रकारची पाने (नीम, कडूनिंब, अर्क, अळशी, घाणेरी इ.)

पाणी, शेण, गोमूत्र

तयार करण्याची पद्धत:

सर्व पाने चिरून 10 लि पाण्यात 10 दिवस भिजवा. दररोज ढवळा. नंतर गाळून वापरा.

(c) पंचगव्य:

साहित्य:

गायीचे दूध, दही, तूप, गोमूत्र, शेण – प्रत्येकी 1 लि/किलो

तयार करण्याची पद्धत:

सर्व एकत्र करून 7 दिवस ठेवा. दररोज ढवळा. शिंपणासाठी वापरा.

5. हंगामी हिरवळ खत (Green Manure)

परिचय:

सुंठी, सनई, ढवळा, मूग इ. पिके शेतातच नांगरून खत स्वरूपात वापरणे.

फायदे:

नायट्रोजन पुरवठा वाढतो

मातीचा पोत सुधारतो

खताचा खर्च कमी होतो

6. गोमूत्र व शेण खत

उपयोगः

थेट मातीमध्ये किंवा खतात वापरले जाते

कीडनाशक म्हणूनही उपयुक्त

7. अन्नधान्य व किचन वेस्ट खत

तयार करण्याची पद्धतः

स्वयंपाकघरातील जैविक कचरा (फळांचे साली, भाजीपाला इ.) गोळा करावा

कंपोस्ट पद्धतीने विघटन करावे

सुगंधी खत तयार होते

सेंद्रिय खत वापरण्याच्या सूचना

खत मोकळ्या जमिनीत सडवून वापरा

प्रमाणशीर वापर करावा

पाणी व्यवस्थापन योग्य असावे

खत मिसळताना हातमोजे वापरा

निष्कर्ष

सेंद्रिय खतांचा योग्य वापर केल्यास उत्पादनात सातत्य, मातीची सुपीकता आणि पर्यावरण संरक्षण साधता येते. सेंद्रिय खतांची विविधता आणि तयार करण्याच्या सोप्या पद्धतींमुळे शेतकऱ्यांना ते स्वस्त आणि प्रभावी ठरते.

प्रकरण ६: सेंद्रिय बियाणे व त्याची निवड आणि प्रक्रिया

सेंद्रिय शेतीची सुरुवात चांगल्या बियाण्यापासूनच होते. जर बी योग्य नसेल, तर त्यावर कितीही मेहनत घेतली तरी अपेक्षित उत्पादन मिळणार नाही. त्यामुळे सेंद्रिय बियाण्याची निवड, त्याची प्रक्रिया आणि साठवणूक या गोष्टी अत्यंत महत्त्वाच्या आहेत.

सेंद्रिय बियाण्याची वैशिष्ट्ये:

1. रासायनिक प्रक्रियेशिवाय तयार झालेले असावे.

2. हायब्रीड नसावेत — स्थानिक/देशी वाण प्राधान्याने वापरावेत.

3. नैसर्गिकरित्या साठवलेले आणि प्रक्रिया केलेले असावेत.

4. किटकनाशक किंवा रासायनिक लेपन नसलेले असावेत.

बियाण्याची योग्य निवड कशी करावी?

१. देशी वाण निवडणे: स्थानिक हवामानाशी जुळवून घेतलेली वाण, रोगप्रतिकारकता चांगली, कमी पाण्यातही उत्पादन देतात.

२. उत्कृष्ट गाभा असलेली बियाणं:

बियाणं मध्यम आकाराची, गडद रंगाची व कमीत कमी फुटकी असावीत, पाण्यात टाकल्यावर तरंगणारी बियाणं निकृष्ट असतात – ती वेगळी काढावीत.

बियाण्यांची प्रक्रिया (Seed Treatment):

१. बीजामृत (Subhash Palekar पद्धत):

घटक: गोमूत्र (5 लि.), गोठ्यातील शेण (5 किलो), थोडं माती, चुना, थोडासा गूळ.

पद्धत: सर्व एकत्र करून बियाणं त्यात ३० मिनिटं भिजवून सावलीत वाळवावीत.

२. ट्रायकोडर्मा (Trichoderma):

वापर: बुरशीजन्य रोगांचं नियंत्रण.

प्रमाण: १० ग्रॅम ट्रायकोडर्मा १ किलो बियाण्याला.

३. निंबोळी अर्क / दशपर्णी अर्क:

किडीपासून संरक्षणासाठी काही शेतकरी निंबोळी अर्कात बियाणं भिजवतात.

बियाण्यांची साठवणूक:

सुकवलेली बियाणं कापडी पिशवीत किंवा मातीच्या मडक्यात ठेवावीत.

प्रकरण ७: सेंद्रिय कीड व रोग व्यवस्थापन

कीड व रोग हे शेतीतील दोन मोठे शत्रू आहेत. रासायनिक शेतीत यांच्यावर नियंत्रण ठेवण्यासाठी कीटकनाशकांचा भडीमार केला जातो. पण सेंद्रिय शेतीत "नैसर्गिक नियंत्रण आणि संतुलन" या तत्त्वावर काम केलं जातं.

सेंद्रिय व्यवस्थापनाची तत्त्वे:

1. रोग होण्यापूर्वीच प्रतिबंध करणे.

2. नैसर्गिक शत्रूंना प्रोत्साहन देणे (उदा. पक्षी, परोपकारी कीटक).

3. पीक विविधता आणि फेरपालट.

4. नैसर्गिक अर्कांचा वापर.

सेंद्रिय कीड व्यवस्थापनाचे उपाय:

दशपर्णी अर्क : एक प्रभावी जैव कीटकनाशक

आजच्या रासायनिक शेतीच्या युगात कीटकनाशकांचा अतिवापर मुळे मातीची सुपीकता कमी होते, मानव आरोग्य धोक्यात येते आणि शेतीचे उत्पादन खर्चही वाढतो. या पार्श्वभूमीवर जैविक

कीटकनाशकांचा वापर वाढवणे गरजेचे आहे. अशा जैविक उपायांमध्ये दशपर्णी अर्क हे एक प्रभावी व सुलभपणे तयार होणारे औषध आहे. याचा उपयोग कीटक नियंत्रणात तसेच पिकांची रोगप्रतिकारशक्ती वाढवण्यासाठी

दशपर्णी अर्क म्हणजे काय?

दशपर्णी म्हणजे दहा प्रकारांची पाने. या दहा वनस्पतींच्या पानांपासून तयार केलेला अर्क म्हणजे दशपर्णी अर्क. हा अर्क पिकांवर फवारणीसाठी वापरला जातो. हे एक प्रकारचे बहुउपयोगी सेंद्रिय कीटकनाशक आहे. यामध्ये कीटकनाशक, बुरशीनाशक, वाढवर्धक असे गुणधर्म असतात.

दशपर्णी अर्क तयार करण्यासाठी लागणारे साहित्य:

१. दहा प्रकारची पाने (प्रत्येकी साधारण १ किलो):

वनस्पतीचे नाव स्थानिक नाव

१. निंब (Neem)-5 Kg

२. कढीपत्ता (Curry leaves)-2 Kg

३. गुळवेल (Giloy)-2 Kg

४. एरंड (Castor)-2 Kg

५. धोतरा (Datura)-2 Kg

६. कन्हेर (Kanher)-2 Kg

७. बेल (Bael)-2 Kg

८. पेरू (Guava)-2 Kg

९. रुई (Rui)-2 Kg

१०. सीताफळ (Custard Apple)-3 Kg

इतर साहित्य:

गाईचे ताजे शेण – 5 किलो

गाईचे मूत्र – 10 लिटर

पाणी – 180 लिटर

लाकडी/किंवा प्लास्टिक ड्रम (200 लिटर)

गूळ – १ किलो

थोडा मातीचा गोळा (मायक्रोबियल स्टार्टरसाठी)

तयार करण्याची पद्धत:

1. सर्व पाने स्वच्छ धुवून बारीक चिरून घ्या.

2. एका १०० लिटर क्षमतेच्या ड्रममध्ये सर्व पाने टाका.

3. त्यात गाईचे शेण, मूत्र, गूळ व पाणी मिसळा.

4. सर्व साहित्य एकत्र करून नीट ढवळा.

5. ड्रमचे तोंड सूती कापडाने झाका, झाकण लावू नका.

6. हे मिश्रण २१ दिवस रोज सकाळी व संध्याकाळी हलवावे.

7. 21 दिवसानंतर हे मिश्रण गाळून त्याचा अर्क काढा.

8. हा अर्क तयार झाल्यावर फवारणीसाठी वापरता येतो.

वापरण्याची मात्रा:

दशपर्णी अर्क : पाणी = 1:10 च्या प्रमाणात मिसळून फवारावे.

प्रत्येक 10 दिवसांनी एक फवारणी करावी.

फुलोऱ्याच्या आधी आणि फळधारणेनंतर फवारणी अधिक फायदेशीर ठरते.

उपयोग व फायदे:

उपयोग फायदे

कीटक नियंत्रण अळी, तुडतुडे, मावा, पांढरी माशी यांचा नाश

रोग प्रतिबंध	बुरशीजन्य व बॅक्टेरियल रोगांवर नियंत्रण
वाढवर्धक	पिकांची वाढ सुधारते, पाने हिरवीगार राहतात
पर्यावरणपूरक	निसर्गास हानी न करता कीटक नियंत्रण
उत्पादन वाढ	पिकाचा दर्जा सुधारतो, उत्पादन वाढते
खर्च कमी	रासायनिक कीटकनाशकांपेक्षा स्वस्त व

सुरक्षित

फवारणीसंदर्भात सूचना:

सकाळी लवकर किंवा संध्याकाळीच फवारणी करावी.

सतत पावसात किंवा उन्हात फवारणी करू नये.

अन्य सेंद्रिय अर्कांबरोबर मिसळून फवारणी करता येते (उदा. पंचगव्य, जीवामृत).

मर्यादा:

फवारणी नंतर लगेच पाऊस पडल्यास प्रभाव कमी होतो.

कीटकनाशक परिणाम हळूहळू दिसतो – संयम आवश्यक.

संपूर्ण सेंद्रिय शेतीत वापर अधिक परिणामकारक होतो.

शहरात पाने मिळवणे कठीण होऊ शकते.

निष्कर्ष:

दशपर्णी अर्क हे एक शाश्वत, परवडणारे आणि पर्यावरणपूरक जैविक कीटकनाशक आहे. त्याचा वापर सेंद्रिय शेतीत अत्यंत प्रभावी ठरतो. शेतकऱ्यांनी त्याच्या नियमित फवारणीतून कीटक नियंत्रणाबरोबरच मातीचा पोत आणि पिकाचा दर्जा सुधारू शकतो.

निम अर्क (Neem Extract) – एक सविस्तर माहिती

निसर्गाने दिलेली अनेक प्रभावी वनस्पतींमध्ये 'निंब' (Azadirachta indica) हे झाड एक अत्यंत मौल्यवान देणं आहे. याचे अनेक भाग औषधी गुणधर्मांनी भरलेले असून त्यातील निम अर्क हा जैविक शेतीसाठी एक रामबाण उपाय मानला जातो. रासायनिक कीटकनाशकांना पर्याय म्हणून वापरता येणारा, पर्यावरणपूरक, स्वस्त आणि प्रभावी असा हा अर्क भारतातील जैविक शेतकऱ्यांमध्ये विशेष लोकप्रिय आहे.

निम अर्क म्हणजे काय?

निंबाच्या पानांपासून, बियांपासून किंवा काड्यांपासून तयार केलेल्या द्रावणाला निम अर्क म्हणतात. यामध्ये अझाडिरॅक्टिन (Azadirachtin) नावाचे एक प्रमुख कीटकनाशक घटक असते, जे अनेक प्रकारच्या कीटकांवर प्रभाव टाकते. हे घटक कीटकांच्या वाढीच्या टप्प्यावर, त्यांच्या आहारावर आणि प्रजनन क्षमतेवर परिणाम करतात.

निम अर्क तयार करण्याची पद्धत

आवश्यक साहित्य:

ताज्या किंवा वाळलेल्या निंबाच्या पानं/बिया – ५ किलो

पाणी – १० लिटर

मिक्सर किंवा हातचक्की

गाळण्यासाठी मलमलचा कापड

मातीचा किंवा प्लास्टिकचा ड्रम

कृती:

1. निंबाची बिया किंवा पानं निवडून स्वच्छ धुवा.

2. त्यांना बारीक कुटून किंवा मिक्सरमध्ये वाटून घ्या.

3. हे मिश्रण १० लिटर पाण्यात २४ तास भिजत ठेवा.

4. दुसऱ्या दिवशी ते गाळा आणि मलमलच्या कापडाने छान फिल्टर करा.

5. तयार झालेला अर्क लगेच वापरा किंवा २-३ दिवसांपर्यंत वापरू शकता.

फवारणीसाठी वापरः

दर १० लिटर पाण्यात १ लिटर निम अर्क मिसळा.

सकाळी किंवा संध्याकाळी फवारणी करा.

आठवड्यातून एकदा फवारणी केल्यास कीटकांचा प्रादुर्भाव नियंत्रित राहतो.

उपयोग व फायदे

कीटकनाशक म्हणूनः

फुलकिडे, अळी, मावा, फुलपाखरू अळी, पाने कुरतडणारे कीटक यांवर प्रभावी.

कीटकांची वाढ, अन्न सेवन आणि प्रजनन बंद करतं.

बुरशी नियंत्रण:

बुरशीजन्य रोगांना प्रतिबंध करणारे गुणधर्म असतात.

मातीसाठी फायदेशीर:

जैविक असल्याने मातीच्या सूक्ष्मजीवांचे संरक्षण होते.

जमिनीत सेंद्रिय पदार्थ वाढतो.

फळे व भाज्यांची गुणवत्ता:

उत्पादनाची गुणवत्ता सुधारते.

फळे अधिक टिकाऊ व सुरक्षित राहतात.

सावधगिरी व मर्यादा

अर्क तयार करताना प्लास्टिक वा मातीच्या भांड्यांचा वापर करावा, धातूच्या भांड्यांचा टाळावा.

फवारणी करताना हातमोजे, मास्क वापरावा.

अर्क फार दिवस ठेवू नये, कारण त्याची प्रभावीता कमी होते.

फळ काढणीच्या ७-८ दिवस अगोदर फवारणी थांबवावी.

वैज्ञानिक आधार

अनेक संशोधनांनुसार Azadirachtin कीटकाच्या हार्मोनवर परिणाम करून त्यांचे आयुष्य कमी करते.

निम अर्काचा कीटकांवर संपर्क, आहार व प्रजनन चक्रावर परिणाम होतो.

कोणत्याही प्रतिकारशक्तीशिवाय हे अनेक वर्ष प्रभावी राहते.

निष्कर्ष

निम अर्क हा नैसर्गिक, सुरक्षित आणि शाश्वत शेतीचा भाग आहे. रासायनिक कीटकनाशकांच्या दुष्परिणामांपासून मुक्ती मिळवण्यासाठी निम अर्कासारख्या जैविक पर्यायांचा वापर गरजेचा आहे. शेतकऱ्यांनी याचा नियमित व योग्य पद्धतीने वापर केल्यास उत्पादन खर्च कमी होतो आणि निसर्गपूरक शेती साधता येते.

३. लाहन पक्ष्यांसाठी पक्षीथांबे:

किडींवर उपजीविका करणाऱ्या पक्ष्यांना आकर्षित करण्यासाठी.

४. तंबाखू अर्क (Nicotine Extract):

तंबाखूची पाने पाण्यात उकळून किंवा भिजवून अर्क तयार केला जातो.

चुरडा, पांढरी माशी यावर परिणामकारक.

५. फेरोमोन सापळे:

कीटकांच्या आकर्षणासाठी वापरले जाणारे जाळे.

बोंड अळी, फळमाशी यासाठी उपयुक्त.

६. जैविक कीटकनाशके:

Bacillus thuringiensis (Bt), Beauveria bassiana, Trichoderma यांचा वापर.

सेंद्रिय रोग व्यवस्थापन:

१. तणतणीत बियाणं वापरणं:

रोगरहित, प्रक्रिया केलेलं बियाणं वापरावं.

२. जीवामृत व घनजीवामृत वापर:

जमिनीतील चांगल्या सूक्ष्मजीवांची वाढ होते. रोगकारक घटकांचा नाश होतो.

३. ट्रायकोडर्मा, पॅसिलोमायसिस यांसारखे जैविक घटक: बुरशीजन्य रोगांवर

प्रकरण ८: सेंद्रिय शेतीतील पाणी व्यवस्थापन

पाणी हे शेतीसाठी सर्वात महत्त्वाचं घटक आहे. पण सेंद्रिय शेतीत पाण्याचा फक्त योग्य वापर नव्हे तर नैसर्गिक रीतीने पाणी धरून ठेवण्याची पद्धत वापरली जाते. कारण मातीतील सेंद्रिय घटक व पोत सुधारल्यामुळे पाण्याची आवश्यकता कमी होते आणि टिकतेदेखील.

सेंद्रिय पाणी व्यवस्थापनाची तत्त्वे:

1. कमीत कमी पाण्यात अधिक उत्पादन देणं.

2. पाण्याचा अपव्यय टाळणं.

3. मातीमध्ये आर्द्रता टिकवणं.

4. नैसर्गिक जलस्रोतांचा जपून वापर.

सेंद्रिय पद्धतीतील प्रमुख पाणी व्यवस्थापन उपाय:

मल्चिंग : एक प्रभावी शेती पद्धत

मल्चिंग म्हणजे काय?

मल्चिंग (Mulching) ही एक कृषी तंत्रज्ञान पद्धत आहे, ज्यामध्ये पिकाच्या मुळाभोवती मातीच्या पृष्ठभागावर जैविक किंवा अजैविक आवरण (आच्छादन) टाकले जाते. यामुळे जमिनीतील ओलावा टिकतो, तणवाढ कमी होते, मातीचा झरा धूप थांबतो आणि पिकाच्या वाढीस पोषक वातावरण निर्माण होते.

मल्चिंगचे प्रकार

मल्चिंगचे दोन मुख्य प्रकार आहेत:

1. सेंद्रिय मल्चिंग (Organic Mulching)

ही पद्धत नैसर्गिक व सेंद्रिय पदार्थ वापरून केली जाते. उदा.:

गवत

पालापाचोळा

उसाचा भुसा

गहू, तांदूळ यांची भुसकटे

शेणखत

झाडांची साल

नारळाच्या शेंडी

फायदे:

हळूहळू सडून सेंद्रिय खत तयार होते.

मातीची सुपीकता वाढते.

मातीतील जिवाणू व कृमी वाढतात.

2. असेंद्रिय मल्चिंग (Inorganic/Plastic Mulching)

यामध्ये प्लास्टिक, पॉलीथिन किंवा इतर कृत्रिम साहित्य वापरले जाते. उदा.:

सिल्वर ब्लॅक प्लास्टिक मल्च

पारदर्शक प्लास्टिक शीट्स

बायोडिग्रेडेबल मल्च

फायदे:

दीर्घकाळ टिकते.

तणवाढ पूर्णपणे थांबते.

तापमान नियंत्रण अधिक चांगले होते.

मल्चिंगचे फायदे

☑ 1. ओलावा टिकवून ठेवतो:

मल्चिंगमुळे जमिनीत आर्द्रता जास्त काळ राहते. परिणामी, पाण्याचा वापर कमी होतो.

☑ 2. तण नियंत्रण:

मल्चिंगच्या आवरणामुळे सूर्यप्रकाश थेट जमिनीवर पडत नाही, त्यामुळे तण उगवत नाहीत.

☑ 3. मातीचे तापमान नियंत्रण:

उन्हाळ्यात माती थंड राहते आणि थंडीत गरम. त्यामुळे पिकांची वाढ सुरळीत होते.

☑ 4. मातीची धूप व घट्टपणा कमी होतो:

पावसात किंवा सिंचनावेळी माती वाहून जाण्याची शक्यता कमी होते.

☑ 5. रोग व कीटकांचे नियंत्रण:

काही कीटक जमिनीतून वर चढून पिकांना हानी पोहोचवतात. मल्चिंगमुळे त्यांचा मार्ग बंद होतो.

☑ 6. फळांची/भाजीपाला पिकांची गुणवत्ता सुधारते:

फळे थेट जमिनीवर न पडता मल्चवर राहतात, त्यामुळे सडत नाहीत.

मल्चिंग करताना लक्षात घेण्यासारख्या गोष्टी

मल्चिंग करण्यापूर्वी जमीन चांगली तयार असावी.

सेंद्रिय मल्चसाठी जैविक पदार्थ पूर्णपणे कुजलेले असावेत.

प्लास्टिक मल्च वापरताना ड्रिप सिंचन प्रणाली वापरणे आवश्यक आहे.

मल्चिंग केल्यानंतर त्यावर वजन न टाकणे हितावह.

मल्चिंगचे तोटे (मर्यादा)

प्लास्टिक मल्च महाग असतो.

प्लास्टिकचा पर्यावरणावर परिणाम होऊ शकतो, जर योग्यरीत्या विल्हेवाट न लावली तर.

काहीवेळा सेंद्रिय मल्चमध्ये कीटकांचा प्रादुर्भाव होऊ शकतो.

निष्कर्ष

मल्चिंग ही एक खर्चिक पण अत्यंत फायदेशीर शेती पद्धत आहे. योग्य पीक, योग्य मल्च प्रकार व योग्य पद्धतीने केल्यास उत्पादन वाढते, पाणी बचत होते आणि मातीची गुणवत्ता सुधारते. आधुनिक सेंद्रिय शेतीत मल्चिंगचा समावेश आवश्यक मानला जातो.

ड्रीप सिंचन पद्धती (Drip Irrigation System)

परिचय

ड्रीप सिंचन पद्धती ही आधुनिक व जलसंधारणक्षम सिंचन पद्धती असून, यात पाण्याचा थेंबथेंब करून झाडांच्या मुळाजवळ पुरवठा केला जातो. पारंपरिक बिबट्या किंवा पाट पद्धतीच्या तुलनेत ड्रीप सिंचन अधिक कार्यक्षम, पाणी बचत करणारी व उत्पादन वाढवणारी पद्धत आहे.

ही पद्धत विशेषतः फळबागा, भाजीपाला, उस, डाळिंब, द्राक्ष, केळी, टोमॅटो इत्यादी पिकांसाठी अत्यंत उपयुक्त आहे.

ड्रीप सिंचनाची रचना

ड्रीप सिंचन यंत्रणेचे मुख्य घटक खालीलप्रमाणे असतात:

1. पाणी स्रोत: विहीर, बोअरवेल, तलाव किंवा टाकी.

2. फिल्टर यंत्रणा: पाण्यातील माती, गाळ, शेवाळ इत्यादी काढून टाकण्यासाठी सँड फिल्टर व स्क्रीन फिल्टर वापरतात.

3. प्रेशर रेग्युलेटर: पाण्याचा दाब नियंत्रित करण्यासाठी.

4. मेन लाईन व सबमेन लाईन: मुख्य पाइपलाइन ज्याद्वारे पाणी सर्व झाडांपर्यंत पोहोचते.

5. ड्रिपलाइन / लेटरल: लवचिक प्लास्टिकची पाइप्स, ज्यावर ठिबक देणाऱ्या ड्रिपर्स (Emitter) बसवलेले असतात.

6. ड्रिपर्स: यामधून झाडाच्या मुळाशी पाणी थेंबथेंब स्वरूपात दिलं जातं.

ड्रीप सिंचनाचे फायदे

1. पाण्याची मोठी बचत (40-70%)

पारंपरिक पद्धतीत पाणी बाष्पीभवन व गळतीमुळे वाया जाते, पण ड्रीपमध्ये केवळ झाडाच्या मुळाजवळच पाणी जाते.

2. खतांची कार्यक्षम फवारणी (Fertigation)

ड्रीपद्वारे द्रवरूपात खत थेट मुळाजवळ दिले जाऊ शकते. त्यामुळे खतांचा अपव्यय कमी होतो आणि उत्पादन वाढते.

3. रोगराई कमी होते

पानांवर व खोडावर पाणी न पडल्यामुळे बुरशीजन्य व कीटकजन्य रोगांची शक्यता कमी होते.

4. उत्पादनात वाढ

नियोजित व अचूक सिंचनामुळे पिकांची वाढ चांगली होते आणि उत्पादनात 20 ते 40 टक्क्यांपर्यंत वाढ होते.

5. कामात बचत

ड्रीप प्रणाली एकदा बसवल्यानंतर सिंचनासाठी फारसे श्रम लागत नाहीत.

ड्रीप सिंचनासाठी अनुदान

भारत सरकार व महाराष्ट्र शासनाच्या विविध योजनांद्वारे शेतकऱ्यांना ड्रीप सिंचन यंत्रणा बसवण्यासाठी 50% ते 80% पर्यंत अनुदान दिले जाते. या योजनेखाली पात्र शेतकऱ्यांनी:

ऑनलाइन अर्ज करावा (MAHA DBT पोर्टल),

आवश्यक कागदपत्रे (७/१२, आधार, बँक पासबुक, जात प्रमाणपत्र इ.) अपलोड करावीत,

व पात्रतेनुसार अनुदान मंजूर होते.

निष्कर्ष

ड्रीप सिंचन ही शेतीतील एक क्रांतिकारी व पाणीसंवर्धनाची आदर्श पद्धत आहे. भविष्याच्या दुष्काळी व जलटंचाईच्या काळात टिकून राहण्यासाठी ही पद्धत आवश्यक आहे. प्रत्येक शेतकऱ्याने आपल्या शेतीच्या गरजेनुसार ड्रीप प्रणालीचा अवलंब करावा.

सेंद्रिय खतामुळे जमिनीची पाणीधारण क्षमता वाढण्याचा प्रभाव

प्रस्तावना

शाश्वत शेती आणि पाणीटंचाईच्या पार्श्वभूमीवर, जमिनीची पाणीधारण क्षमता वाढवणे हे अत्यंत महत्त्वाचे झाले आहे. सेंद्रिय खतांचा योग्य वापर केल्यास मातीची गुणवत्ता सुधारते, सजीवता वाढते, आणि सर्वात महत्त्वाचे म्हणजे मातीतील पाण्याचे धरून ठेवण्याचे सामर्थ्य वाढते. यामुळे पिकांना आवश्यक तेवढे पाणी वेळेवर आणि पुरेसे मिळते.

जमिनीची पाणीधारण क्षमता म्हणजे काय?

जमिनीची पाणीधारण क्षमता म्हणजे ती विशिष्ट मर्यादेपर्यंत किती पाणी शोषून ठेवू शकते आणि ते पाणी पिकांसाठी उपयुक्त

स्वरूपात किती वेळ टिकवून ठेवू शकते. ही क्षमता जमिनीच्या प्रकारावर, मातीतील सेंद्रिय पदार्थाच्या प्रमाणावर, आणि सूक्ष्मजीवांच्या क्रियाशीलतेवर अवलंबून असते.

सेंद्रिय खतामुळे पाणीधारण क्षमता कशी वाढते?

१. मातीतील सेंद्रिय पदार्थ वाढतात

सेंद्रिय खतामुळे मातीतील ऑर्गॅनिक मॅटर (सेंद्रिय पदार्थ) वाढते. हे पदार्थ पाणी शोषून घेऊन ते हळूहळू मुळांपर्यंत पोहोचवतात. सेंद्रिय पदार्थ हे एकप्रकारचे 'स्पंज' सारखे काम करतात.

> उदाहरण: १ ग्रॅम सेंद्रिय पदार्थ सुमारे ४-५ ग्रॅम पाणी धरून ठेवू शकतो.

२. जमिनीची रचना सुधारते

सेंद्रिय खतामुळे जमिनीची पोत सुधारते. दाट, चिकणमाती जमिनीत हवा खेळती राहते. पाण्याचा निचरा योग्य होतो आणि अत्यधिक बाष्पीभवन रोखले जाते. हे पिकाच्या आरोग्यास उपयुक्त ठरते.

३. सूक्ष्मजीवांची वाढ

सेंद्रिय खतांमध्ये सूक्ष्मजीवांसाठी पोषणद्रव्ये असतात. हे जीव जमिनीतील सेंद्रिय पदार्थांचे विघटन करतात आणि जमिनीत 'ह्युमस' तयार करतात. ह्युमस मातीचे जलधारण गुण मोठ्या प्रमाणात वाढवते.

४. मुळ्यांचा विकास आणि पाण्याचा कार्यक्षम वापर

सेंद्रिय खतामुळे मुळ्यांची वाढ खोलवर होते. त्यामुळे पिके मातीतील खोलवर असलेले पाणी शोषू शकतात. तसेच ही मुळे मातीला घट्ट पकडून ठेवतात आणि मातीचा ऱ्हास (erosion) रोखतात.

शास्त्रीय पुरावे

भारतीय कृषी संशोधन परिषद (ICAR) च्या अभ्यासानुसार, सेंद्रिय खतांचा सातत्याने वापर केल्यास मातीतील जलधारण क्षमता २०-२५% ने वाढते.

पंजाब कृषी विद्यापीठ यांनी केलेल्या प्रयोगात, सेंद्रिय खत दिलेल्या शेतांमध्ये सिंचनाच्या गरजा ३०% नी कमी झाल्या.

निष्कर्ष

सेंद्रिय खतांचा वापर हा केवळ पोषणासाठी नसून मातीचे आरोग्य राखण्यासाठी अत्यंत आवश्यक आहे. जमिनीची पाणीधारण क्षमता वाढवण्यासाठी सेंद्रिय खतांचा वापर हा एक शाश्वत आणि पर्यावरणपूरक मार्ग आहे. पाण्याची टंचाई आणि हवामान बदल यांचा सामना करताना सेंद्रिय शेती हेच भविष्य आहे.

मुलस्थानी जलसंधारण

परिचय

भारत हा कृषिप्रधान देश असून पावसाचे प्रमाण अनियमित आहे. त्यामुळे पाण्याचा योग्य साठा व वापर ही काळाची गरज बनली आहे. यामध्ये मुलस्थानी जलसंधारण (In-situ Water Conservation) ही संकल्पना अतिशय महत्त्वाची ठरते. ही अशी पद्धत आहे जिच्याद्वारे पावसाचे पाणी ते पडते त्याच जागी मुरवले जाते, जेणेकरून पाणी जमिनीत शोषले जाते आणि भूजल पातळी वाढते.

मुलस्थानी जलसंधारण म्हणजे काय?

मुलस्थानी जलसंधारण म्हणजे पावसाचे पाणी वाहून जाऊ न देता ते जिथे पडते तिथेच मुरवून घेणे. यात पाण्याचा वापर योग्य प्रकारे

करून जमिनीची आद्रता कायम राखण्याचा प्रयत्न केला जातो. यामुळे शेतीला लागणारे पाणी स्थानिक पातळीवरच उपलब्ध होते.

या तंत्रज्ञानाची गरज का?

1. अनियमित पाऊस – अनेक भागात पावसाचे वितरण असमान असते.

2. भूजल पातळी घटत चाललेली आहे.

3. सिंचनाच्या सुविधा सर्वत्र उपलब्ध नाहीत.

4. पाण्याचा अपव्यय व वाहून जाणे टाळणे आवश्यक आहे.

5. जमिनीतील ओलावा टिकवून पीक उत्पादन वाढवणे गरजेचे आहे.

मुख्य पद्धती (तंत्र)

1. स्लोप ॲडजस्टमेंट (Slope Adjustment)

शेताच्या उताराचा अभ्यास करून शेताच्या आखणीस योग्य प्रकारे बदल करणे, जेणेकरून पाणी हळूहळू मुरेल.

2. आडवा सडा – उभा वाफा

ही पारंपरिक पद्धत असून त्यात पावसाचे पाणी सरळ शोषले जाते. यामुळे पाणी वाहून जात नाही.

3. पाणलोट क्षेत्र व्यवस्थापन

पाणलोट क्षेत्रामध्ये पाण्याचा संपूर्ण वापर होईल अशा उपाययोजना केल्या जातात, जसे की गवत लागवड, वृक्षारोपण, चर खोदणे.

4. शेततळे (Farm Ponds)

शेतात पावसाचे पाणी साठवून ठेवण्यासाठी शेततळे खणली जातात. हे पाणी नंतर सिंचनासाठी वापरता येते.

5. कंटूर ट्रेंच व बांध

उताराच्या जमिनीत कंटूर ट्रेंच (Contour Trench) आणि मातीचे बांध घालून पाणी मुरवले जाते.

6. हाडगुंड्या व पाणी अडवणारे गवत

कमी खर्चिक तंत्रांमध्ये हाडगुंड्या (मातीचे अडथळे) आणि गवताची लागवड करून पाण्याला थांबवले जाते.

मुलस्थानी जलसंधारणाचे फायदे

1. भूजल पातळी वाढते.
2. जमिनीत ओलावा टिकतो, ज्यामुळे पीक उत्पादनात वाढ होते.
3. पाण्याचा अपव्यय टळतो.
4. पर्जन्याच्या कमी प्रमाणातही पीक उगम शक्य.
5. मातीची धूप थांबते.
6. शेतकऱ्याच्या सिंचन खर्चात बचत होते.

सरकारी योजना आणि मदत

1. मृद व जलसंधारण विभाग – विविध योजना जसे की नाबार्ड प्रकल्प, जलयुक्त शिवार.
2. मनरेगा योजनेंतर्गत शेततळे, ट्रेंच खोदणे यासाठी निधी दिला जातो.
3. कृषी विज्ञान केंद्रे (KVK) – शेतकऱ्यांना तांत्रिक मार्गदर्शन पुरवतात.

निष्कर्ष

मुलस्थानी जलसंधारण ही एक काळानुरूप गरज आहे. यामुळे शेतीतील अनिश्चितता कमी होते, पाणी व मातीचे संवर्धन होते आणि शेती टिकाऊ बनते. ही पद्धत स्वीकारल्यास शाश्वत शेतीचा मार्ग खुला होतो.

नांगरणी पद्धतीत बदल करून मातीतील जलधारण क्षमता वाढविणे

१. प्रस्तावना

माती ही शेतीची मूलभूत गरज आहे. मातीची जलधारण क्षमता चांगली असेल, तर पीक उत्पादनात वाढ होते, सिंचनाच्या गरजा कमी होतात, तसेच जमिनीची सुपिकता दीर्घकाळ टिकते. परंतु पारंपरिक नांगरणी पद्धतीमुळे मातीचा कस कमी होतो, जलधारण क्षमता घटते आणि जमिनीची धूप होते. म्हणूनच आज शाश्वत शेतीच्या दृष्टीने नांगरणी पद्धतीत आवश्यक बदल करून जलधारण क्षमता वाढविणे अत्यावश्यक आहे.

२. पारंपरिक नांगरणी पद्धतीचे तोटे

खोल नांगरणीमुळे मातीची नैसर्गिक रचना खिळवते.

वरचा सुपीक थर खाली जातो, आणि खोल थर वर येतो, जो जिवाणूंनी आणि सेंद्रिय घटकांनी गरीब असतो.

वारंवार नांगरणी केल्याने जमिनीची घट्ट झालेली माती (hard pan) तयार होते.

मातीची धूप वाढते, जलधारण क्षमता कमी होते.

जीवांशांची नासाडी होते, पर्यायाने जमिनीची उत्पादकता घटते.

३. मातीची जलधारण क्षमता म्हणजे काय?

जलधारण क्षमता म्हणजे मातीमध्ये पाण्याला धरून ठेवण्याची आणि रोपांना हळूहळू उपलब्ध करून देण्याची क्षमता. ही क्षमता मुख्यतः खालील गोष्टींवर अवलंबून असते:

मातीतील सेंद्रिय घटकांचे प्रमाण

मातीची रचना (रेती, गाळ, चिकट यांचे प्रमाण)

मातीची सांडपाणी वहन क्षमता

पृष्ठभागावरील आच्छादन आणि जैविक कार्य

४. नांगरणी पद्धतीत बदल करून जलधारण क्षमता वाढविण्याचे उपाय

(अ) किमान नांगरणी (Minimum Tillage)

वारंवार नांगरणी न करता केवळ गरजेपुरती नांगरणी करणे.

यामुळे मातीची रचना अबाधित राहते आणि त्यातील जीवजंतूंचे संवर्धन होते.

पाण्याचा अपव्यय कमी होतो व मातीतील आर्द्रता टिकून राहते.

(ब) शून्य नांगरणी (Zero Tillage)

नांगरणी न करता थेट पेरणी केली जाते.

शेतातील पिकांचे अवशेष जमिनीवरच ठेवले जातात.

यामुळे पाणी बाष्पीभवन कमी होते, मातीवर जैविक आवरण तयार होते.

५. नांगरणीतील यांत्रिकी बदल

रोटाव्हेटरऐवजी हारोचा वापर: हारो माती हलकीपणे भुसभुशीत करतो, खोल थर ढवळत नाही.

चिझेल प्लाऊचा वापर: मातीतील घट्ट थर फोडण्यासाठी चिझेल प्लाऊ उपयुक्त. तो पाण्याचा झरा मोकळा करतो आणि पाणी साचून राहत नाही.

बेड आणि फरो (Raised Bed and Furrow) तंत्र: उंच माठे तयार करून पीक घेतल्यास मातीमधील आर्द्रता टिकते.

७. निष्कर्ष

नांगरणी ही शेतीतील जुनी पण महत्त्वाची प्रक्रिया आहे. मात्र तिचे योग्य स्वरूप ठरवून वापर केल्यास जमिनीची जलधारण क्षमता मोठ्या प्रमाणात वाढवता येते. शून्य नांगरणी, जैविक आच्छादन, हरित खत व सेंद्रिय शेतीच्या इतर तत्त्वांचा समन्वय करून शाश्वत शेतीची दिशा निश्चित केली जाऊ शकते. यामुळे पाण्याची बचत, मातीची सुधारणा आणि उत्पादनवाढ साध्य होते.

प्रकरण ९: सेंद्रिय तंत्रज्ञान आणि साधने

सेंद्रिय शेतीतील विविध तंत्रज्ञान व साधने

प्रस्तावना

सेंद्रिय शेती ही नैसर्गिक व पर्यावरणपूरक शेतीपद्धत आहे. पारंपरिक ज्ञान आणि आधुनिक विज्ञान यांच्या समन्वयातून सेंद्रिय शेती अधिक प्रभावी व उत्पादनक्षम बनते. आधुनिक काळात विविध तंत्रज्ञान व साधनांचा वापर करून सेंद्रिय शेती अधिक सोपी, जलद व शाश्वत बनवता येते.

१. सेंद्रिय खते व त्यांचे उत्पादन तंत्रज्ञान

- **(Vermicompost) युनिट:**

गांडूळ खत तयार करण्यासाठी प्लास्टिकच्या टाक्या, सिमेंटची टाकी किंवा शेड आवश्यक असतो.

अन्नधान्याचा कचरा, शेणखत, सेंद्रिय अवशेष यांचा उपयोग गांडुळांद्वारे खतात रूपांतर करण्यासाठी केला जातो.

हे खत जमिनीतील पोत सुधारते, वाळवंटी जमिनीतही उत्पादनशक्ती वाढवते.

• :

जीवामृत हे गोमूत्र, गायीचे शेण, गूळ, बेसन व माती यांचे मिश्रण असते.

दशपर्णी अर्क हा १० प्रकारच्या वनस्पतींच्या अर्कातून बनवला जातो.

हे नैसर्गिक कीटकनाशक म्हणून वापरले जाते.

२. तणनाशक व कीड नियंत्रण तंत्रज्ञान

• **(Solarization):**

उन्हाळ्यात जमिनीवर पारदर्शक प्लास्टिक टाकून ती ४-६ आठवडे ठेवली जाते.

जमिनीतील कीटक व तणांचे बीज उष्णतेमुळे नष्ट होते.

• **सापळा तंत्रज्ञान**:

फेरोमोन ट्रॅप्स: विशिष्ट कीटकांना आकर्षित करून पकडण्यासाठी वापरले जातात.

लाइट ट्रॅप्स: प्रकाशाकडे आकर्षित होणाऱ्या कीटकांसाठी वापरले जाते.

हे तंत्र कीटकनाशकांच्या गरजेशिवाय कीड नियंत्रणासाठी उपयुक्त ठरते.

३. पाणी व्यवस्थापन तंत्रज्ञान

• ठिबक सिंचन (Drip Irrigation):

झाडांच्या मुळांजवळच अचूक पाण्याचा पुरवठा होतो.

खत टाकण्यासाठी फर्टिगेशन युनिट वापरता येते.

जलसंधारणास मदत होते व उत्पादकता वाढते.

• शिंपारण सिंचन (Sprinkler System):

पाणी जास्त क्षेत्रात समप्रमाणात पसरते.

विशेषतः भाजीपाला व फळबागांसाठी उपयुक्त.

४. बियाणे प्रक्रिया व पेरणी तंत्रज्ञान

• जैविक बीज प्रक्रिया:

गूळ, शेण, गोमूत्र, त्रिकोण तपासणी, ट्रायकोडर्मा अशा जैव घटकांद्वारे बीज शुद्धी केली जाते.

रोगप्रतिकारक क्षमता वाढते.

● **मल्टीक्रॉप प्लांटर:**

एकाच वेळी अनेक प्रकारची पिके पेरणारी मशीन.

वेळ आणि मजुरीची बचत होते.

५. माती आरोग्य तपासणी तंत्रज्ञान

● **मृदा चाचणी किट:**

मातीतील नायट्रोजन, स्फुरद, पालाश व pH यांचे मोजमाप करणे शक्य.

त्यानुसार योग्य सेंद्रिय खताचा वापर करता येतो.

● **मृदास्वास्थ्य कार्ड:**

शेतकऱ्याला त्यांच्या जमिनीची संपूर्ण माहिती मिळते.

आवश्यकतेनुसार जमिनीचे व्यवस्थापन करता येते.

६. सेंद्रिय प्रमाणपत्र व ट्रेसिबिलिटी तंत्रज्ञान

● **ट्रेसिबिलिटी ॲप्स:**

शेतकरी उत्पादनाची माहिती मोबाईल ॲपमधून अपलोड करू शकतो.

ग्राहक शेतीच्या माहितीपासून उत्पादनापर्यंतची माहिती तपासू शकतो.

- **ब्लॉकचेन आधारित ट्रॅकिंग:**

निर्यातक्षम सेंद्रिय उत्पादनांसाठी अत्याधुनिक ट्रॅकिंग प्रणाली वापरली जाते.

पारदर्शकता आणि विश्वास वाढतो.

निष्कर्ष

सेंद्रिय शेतीमध्ये पारंपरिक व आधुनिक तंत्रज्ञानाचा समन्वय केल्यास शाश्वत, पर्यावरणपूरक व उत्पादनक्षम शेती शक्य आहे. योग्य तंत्रज्ञान व साधनांचा वापर केल्यास शेतकऱ्यांचे उत्पादन वाढू शकते, खर्च कमी होतो आणि आरोग्यदायी अन्ननिर्मिती शक्य होते.

प्रकरण १०: सेंद्रिय उत्पादनांची काढणी, प्रक्रिया व साठवणूक

सेंद्रिय शेतीतील अन्नपदार्थ हे स्वच्छ, विषमुक्त आणि पौष्टिक असतात. मात्र ही गुणवत्ता टिकवण्यासाठी काढणीपासून विक्रीपर्यंत प्रत्येक टप्प्यावर काळजी घेणं गरजेचं असतं. यामध्ये वेळेवर काढणी, योग्य प्रक्रिया व सुरक्षित साठवणूक या घटकांचा महत्त्वाचा वाटा असतो.

सेंद्रिय काढणी (Harvesting in Organic Farming)

प्रस्तावना

सेंद्रिय शेतीत काढणी ही शेतीतील अत्यंत महत्त्वाची व अंतिम प्रक्रिया आहे. योग्य वेळी, योग्य पद्धतीने आणि काळजीपूर्वक केलेली काढणी शेतीमालाची गुणवत्ता, उत्पादन आणि बाजारभाव यावर थेट परिणाम करते. रासायनिक शेतीप्रमाणेच सेंद्रिय शेतीतही उत्पादन काढताना शारीरिक व पर्यावरणीय घटकांचा सखोल विचार करणे आवश्यक असते.

सेंद्रिय काढणी म्हणजे काय?

सेंद्रिय काढणी म्हणजे नैसर्गिक पद्धतीने पिकवलेले पीक वेळेत, योग्य साधनांनी आणि सेंद्रिय मार्गदर्शक तत्त्वांचे पालन करून काढणे. या प्रक्रियेत रासायनिक किंवा कृत्रिम घटकांचा वापर पूर्णतः निषिद्ध असतो.

सेंद्रिय काढणीपूर्वीची तयारी

1. पीक काढणीस तयार आहे का, याची खात्री:

धान्याचे दाणे पूर्णपणे पक्व झाल्यास रंग गडद होतो.

तेलबियांची शेंगा फुटण्याच्या अवस्थेत असतात.

फळांचे रंग, गंध, आणि आकार परिपक्वतेचे सूचक असतात.

2. उपकरणांची तयारी:

हसुआ, कोयता, सेंद्रिय रिफायन केलेली यंत्रणा, कापणी यंत्र, टोपल्या, पोती इत्यादी.

यंत्रसामग्री स्वच्छ, निर्जंतुकीकरण केलेली असावी.

3. कामगारांचे प्रशिक्षण:

काढणी करताना पीक, झाडे किंवा फळांना नुकसान न करता काम करणे.

कोणती काढणी प्रथम करावी हे ठरवणे (फळांची, पानांची, मुळे इ.)

नैसर्गिक पद्धतीतून जपलेली गुणवत्ता

सेंद्रिय काढणीची पद्धत

1. हस्तकाढणी (Manual Harvesting):

लहान क्षेत्रासाठी उपयुक्त.

श्रमाधिष्ठित प्रक्रिया. फळे, भाज्या, धान्ये हाताने सावधपणे काढणे.

काढणी नंतर योग्य प्रकारे छाटणी व वर्गीकरण.

2. यांत्रिक काढणी (Mechanical Harvesting):

मोठ्या क्षेत्रासाठी उपयुक्त.

सेंद्रिय यंत्रांची निवड, जसे की कमी इंधन वापरणारी किंवा सौरऊर्जेवर चालणारी उपकरणे.

शास्त्रीय अंतर ठेवून वापर, जेणेकरून माती व झाडांना इजा होणार नाही.

3. काढणीनंतरची प्रक्रिया:

सावलीत वायुवीजन असलेल्या जागी काढलेले पीक ठेवणे.

पीक धुऊन, सुकवून, वर्गवारी करून साठवणूक करणे.

सेंद्रिय मानकांनुसार लेबलिंग करणे.

सेंद्रिय काढणीदरम्यान घ्यावयाची काळजी

काढणीची वेळ: सकाळी लवकर किंवा संध्याकाळी, जेव्हा तापमान कमी असते.

ओलसर किंवा पावसाळी हवामानात काढणी टाळा.

उत्पादनाला इजा होणार नाही, याची खबरदारी घ्या.

सेंद्रिय व अपारंपरिक पीक एकत्र ठेवू नका.

रासायनिक औषधांचा, खतांचा संपर्क टाळा.

सेंद्रिय काढणीचे फायदे

उत्पादनाची गुणवत्ता चांगली राहते.

साठवणुकीत कमी नुकसान.

बाजारभाव वाढतो कारण उपभोक्त्यांचा विश्वास टिकतो.

सेंद्रिय प्रमाणपत्र मिळवणे सोपे होते.

पर्यावरण पूरक पद्धतीमुळे जमिनीचा पोत टिकतो.

निष्कर्ष

सेंद्रिय शेती ही केवळ खतं आणि कीडनाशकांपुरती मर्यादित नसून, तिची प्रभावीता शेवटच्या टप्प्यातील काढणीवरही अवलंबून असते. योग्य पद्धतीने केलेली सेंद्रिय काढणी हे शाश्वत शेती आणि बाजारपेठेत टिकावू उत्पादनासाठी अत्यावश्यक आहे. म्हणूनच, प्रत्येक सेंद्रिय शेतकऱ्याने काढणीस विशेष महत्त्व देणे आवश्यक आहे.

सेंद्रिय उत्पादनाची काढणी, पश्चात प्रक्रिया व साठवणूक

काढणी (Harvesting) – योग्य वेळेची निवड

सेंद्रिय उत्पादनामध्ये काढणीची वेळ अत्यंत महत्त्वाची असते. योग्य वेळी काढणी न झाल्यास उत्पादनाची गुणवत्ता कमी होते.

सेंद्रिय पद्धतीने पिकवलेले अन्न हे नैसर्गिक घटकांवर अवलंबून असल्याने ते अधिक संवेदनशील असते.

काढणीसाठी मार्गदर्शक तत्त्वे :

धान्य व डाळींसाठी – ८०% ते ९०% दाणे पिवळसर रंगाचे झाले की काढणी करावी.

फळभाज्यांसाठी – पूर्ण परिपक्व अवस्थेत काढणी करावी, परंतु ओव्हर-रिप (अतिपरिपक्व) होऊ नये.

फळपिकांसाठी – नैसर्गिक गंध, रंग आणि थोडा नरमपणा हे परिपक्वतेचे संकेत असतात.

पानभाज्यांसाठी – कोवळ्या व कुरकुरीत अवस्थेत काढणी करावी.

काढणी करताना काळजी :

हत्यारं स्वच्छ असावीत.

शेतातच प्राथमिक स्वच्छता करावी.

पिकांना धक्का लागू नये, नाजूक फळे किंवा भाज्या खराब होऊ नयेत.

पश्चात प्रक्रिया (Post-Harvest Processing)

सेंद्रिय उत्पादनाची पश्चात प्रक्रिया म्हणजे उत्पादनाची हाताळणी, वर्गीकरण, स्वच्छता, कोरडेपणा व साठवणुकीपूर्वीच्या सर्व टप्प्यांचा समावेश होतो.

वर्गीकरण (Grading) :

उत्पादनाच्या आकार, रंग, वजन व गुणवत्तेनुसार गट करणे.

निर्यातसाठी ही प्रक्रिया अत्यावश्यक.

ग्रेडिंगमुळे चांगल्या गुणवत्तेच्या उत्पादनाला चांगला दर मिळतो.

स्वच्छता (Cleaning) :

उत्पादनावर चिकटलेली माती, पाने, कीटक किंवा इतर अवांछित गोष्टी काढून टाकणे.

सेंद्रिय प्रमाणपत्रासाठी ही पायरी आवश्यक आहे.

स्वच्छ पाण्याचा वापर करावा, रसायनांचा वापर वर्ज्य आहे.

वाळवण (Drying) :

धान्य, मसाले, डाळी, हळद-आल्यासारखी पिके काढल्यानंतर वाळवावी लागतात.

उन्हात वाळवताना स्वच्छ सतरंजी/प्लास्टिकचा वापर करावा.

ओलावा नष्ट केल्याने बुरशीचा धोका कमी होतो.

पॅकिंग (Packaging) :

सेंद्रिय उत्पादनांसाठी बायोडिग्रेडेबल किंवा फूड-ग्रेड प्लास्टिक वापरावे.

पॅकिंगवर "Organic Certified", उत्पादन दिनांक, वजन, ग्रेड, शेतकऱ्याचे नाव इ. माहिती नमूद करावी.

साठवणूक (Storage) – उत्पादन सुरक्षित ठेवण्याची पद्धत

सेंद्रिय उत्पादन हे सहज खराब होऊ शकते, कारण त्यावर कोणतीही रसायन प्रक्रिया केलेली नसते. त्यामुळे साठवणूक ही अत्यंत वैज्ञानिक आणि स्वच्छ पद्धतीने करणे आवश्यक आहे.

साठवणुकीची जागा :

स्वच्छ, हवेशीर व कोरडी असावी.

थेट सूर्यप्रकाश टाळावा.

किड व उंदीर यांपासून संरक्षण केलेली असावी.

नैसर्गिक निवारक उपाय जसे की नीम पाने, राख, लिंबाचा रस यांचा वापर कीड नियंत्रणासाठी करावा.

तापमान व आर्द्रता नियंत्रण :

फळे व भाज्यांसाठी ५-१०°C तापमान योग्य.

धान्य व डाळींसाठी १५-२५°C व ५०% पेक्षा कमी आर्द्रता हवी.

वायुवीजन असणाऱ्या खोल्यांमध्ये साठवणूक करावी.

वेगवेगळ्या उत्पादनांची साठवण वेगवेगळ्या पद्धतीने :

उत्पादन प्रकार	साठवणूक पद्धत
धान्य व डाळी	जूट बॅगमध्ये कोरड्या ठिकाणी
फळे व भाज्या	क्रेटमध्ये, थंड व अंधाऱ्या जागेत
मसाले, हळद	कापडात गुंडाळून, उंचावलेल्या रॅकवर

तेलबिया हवाबंद कंटेनरमध्ये ठेवावे

४. प्रमाणपत्र आवश्यकतेची पूर्तता (Certification Compliance)

सेंद्रिय साठवणूक करताना NPOP (National Programme for Organic Production) किंवा PGS India च्या मार्गदर्शक

तत्त्वांचे पालन करणे आवश्यक असते. प्रत्येक टप्प्यावर दस्तऐवजीकरण करावे लागते:

काढणीची तारीख

प्रक्रिया तारीख

साठवणूकाची जागा व प्रकार

कीड नियंत्रणासाठी वापरलेले नैसर्गिक उपाय

कोणतीही रसायन वापरलेले नाही याची खात्री

६. निष्कर्ष

सेंद्रिय शेती केवळ उत्पादनाच्या शुद्धतेपुरती मर्यादित नाही, तर त्याची काढणी, प्रक्रिया आणि साठवणूक सुद्धा तितकीच शुद्ध व नैसर्गिक असावी लागते. शास्त्रीय पद्धतींचा अवलंब, स्थानिक नैसर्गिक उपाय आणि स्वच्छतेच्या नियमांचे पालन यामुळे सेंद्रिय उत्पादनाची गुणवत्ता टिकवता येते आणि ग्राहकांचा विश्वास अधिक दृढ होतो.

प्रकरण ११: सेंद्रिय उत्पादने विक्री व विपणन

सेंद्रिय शेतीमधून उत्पादन घेणं जितकं महत्त्वाचं आहे, तितकंच महत्त्वाचं आहे त्या उत्पादनाची योग्य प्रकारे विक्री व विपणन करणं. सेंद्रिय उत्पादनांची खासियत म्हणजे ती रासायनिक मुक्त, पौष्टिक व सुरक्षित असतात. हे वैशिष्ट्य ग्राहकांपर्यंत पोहोचवणं हेच यशाचं गमक आहे.

सेंद्रिय विक्रीचे महत्त्व:

1. ग्राहकांचा विश्वास व आरोग्य लक्षात घेणं

2. उत्पादनाला बाजारात चांगला दर मिळवणं

3. दीर्घकालीन ग्राहक संबंध निर्माण करणं

4. स्थानिक व जागतिक सेंद्रिय बाजाराचा लाभ

विक्रीचे विविध मार्ग:

१. स्थानिक बाजार (Local Market):

गावातील आठवडे बाजार, प्रदर्शनं, शाळा, ऑफिस यांच्यात थेट विक्री.

'शेतकरी ते ग्राहक' थेट संबंधामुळे विश्वास आणि नफा अधिक.

२. सेंद्रिय बाजारपेठ (Organic Malls / Stores):

मोठ्या शहरांमध्ये सेंद्रिय उत्पादनासाठी खास स्टोअर्स.

विक्रीसाठी उत्पादक गटांनी यांच्याशी करार करावा.

३. फार्मर प्रोड्यूसर कंपनी (FPC) / सहकारी संस्था:

गटशेती करणाऱ्या शेतकऱ्यांची संघटना, विक्री सुलभ होते.

मोठ्या प्रमाणावर पॅकिंग व ब्रँडिंग शक्य होतं.

४. ऑनलाइन प्लॅटफॉर्म / डिजिटल मार्केटिंग:

वेबसाईट, मोबाईल ॲप, सोशल मीडिया द्वारे थेट ग्राहकांशी संपर्क.

QR कोड, traceability app वापरून पारदर्शकता.

५. थेट ग्राहक योजना (CSA – Community Supported Agriculture):

शेतकरी आणि ग्राहक यांच्यात थेट करार.

ग्राहक शेतीला निधी देतो आणि पीक मिळवतो.

विपणनासाठी गरजेच्या बाबी:

सेंद्रिय उत्पादन विक्री व विपणन : ब्रॅण्डिंग व पॅकेजिंग

◇ प्रस्तावना

सेंद्रिय शेतीतून मिळणारी उत्पादने ही आरोग्यासाठी फायदेशीर, पर्यावरणपूरक आणि रासायनिक अंशविरहित असतात. मात्र केवळ उत्तम उत्पादन करून भागत नाही, त्याचे प्रभावी विपणन (Marketing) करणे देखील तितकेच महत्त्वाचे असते. या विपणन प्रक्रियेत ब्रॅण्डिंग (Branding) व पॅकेजिंग (Packaging) या दोन बाबी अत्यंत महत्त्वाच्या ठरतात. ग्राहकाला उत्पादनाची ओळख, गुणवत्ता आणि विश्वास निर्माण करून विक्री वाढवण्यासाठी हे घटक उपयोगी पडतात.

१. ब्रॅण्डिंग म्हणजे काय?

ब्रॅण्डिंग म्हणजे उत्पादनाला एक ओळख, नाव, लोगो किंवा विशिष्ट प्रतिमा देणे होय. ब्रॅण्ड हा ग्राहकाच्या मनात विशिष्ट भावना निर्माण करतो. एक चांगला ब्रॅण्ड ग्राहकांमध्ये विश्वास निर्माण करतो व उत्पादने पुन्हा पुन्हा खरेदी करण्यास प्रवृत्त करतो.

☑ **सेंद्रिय उत्पादनासाठी ब्रॅण्डिंगचे महत्त्व :**

सेंद्रिय उत्पादनाची गुणवत्ता व शुद्धता दाखविणे.

ग्राहकांमध्ये विश्वास व निष्ठा निर्माण करणे.

बाजारात इतर उत्पादनांपासून स्वतःची ओळख वेगळी ठेवणे.

उत्पादनाला प्रिमियम किंमत मिळवून देणे.

☑ **ब्रॅण्ड तयार करताना विचारात घ्यावयाचे घटक :**

नाव : साधे, लक्षात राहणारे, सेंद्रियतेचे प्रतीक असलेले.

लोगो : निसर्गाशी संबंधित रंग व चिन्हे (झाड, पाने, सूर्य, पृथ्वी इ.)

घोषवाक्य (Tagline) : "शुद्धतेचा स्पर्श", "नैसर्गिक आरोग्य", "रासायनमुक्त जीवन" इत्यादी.

बाजाराचे लक्ष्य गट : आरोग्यप्रेमी, शहरी ग्राहक, शाळा-कॉलेजमधील तरुण, परदेशी बाजारपेठ.

२. पॅकेजिंग म्हणजे काय?

पॅकेजिंग म्हणजे उत्पादनाला संरक्षण देणारे व आकर्षक स्वरूपात सादर करणारे कव्हरिंग. हे केवळ सौंदर्यवर्धनासाठी नसून

उत्पादनाची गुणवत्ता टिकवून ठेवण्याचा आणि ग्राहकांपर्यंत सुरक्षित पोहोचवण्याचा एक महत्त्वाचा टप्पा आहे.

☑ सेंद्रिय उत्पादनासाठी पॅकेजिंगचे उद्दिष्ट :

उत्पादनाचे संरक्षण (आर्द्रता, धूळ, कीड यापासून).

ग्राहकांचे लक्ष वेधणे.

उत्पादनाची माहिती व ब्रॅण्डची ओळख देणे.

साठवण व वाहतुकीस सोयीस्कर करणे.

पर्यावरणपूरक साहित्य वापरणे (Eco-friendly Packaging).

☑ पॅकेजिंग करताना विचारात घ्यावयाचे घटक :

घटक	वर्णन
साहित्याचा प्रकार	कागद, कापूस, ज्यूट, बायोडिग्रेडेबल प्लॅस्टिक
आकार व डिझाईन	सुलभ वापरासाठी साचेबद्ध डिझाईन
माहिती	उत्पादनाचे नाव, वजन, दिनांक, उपयोग, सेंद्रिय प्रमाणपत्र
पारदर्शक भाग	ग्राहकास उत्पादन पाहता यावे
इको-फ्रेंडली लोगो	ग्राहकाला पर्यावरणाची जाणीव असलेले उत्पादन दाखवते

३. ब्रॅण्डिंग व पॅकेजिंगचे फायदे

फायदा	स्पष्टीकरण
☑ ग्राहकांशी नाते	ब्रॅण्डिंगमुळे ग्राहकात ओळख व निष्ठा निर्माण होते.
☑ उच्च किंमत	चांगल्या पॅकेजिंग व ब्रॅण्डमुळे प्रिमियम दर मिळतो.
☑ निर्यात सुलभ	ब्रॅण्डेड व पॅक उत्पादनांना आंतरराष्ट्रीय बाजारात मागणी.
☑ संरक्षण	योग्य पॅकेजिंगमुळे उत्पादन दीर्घकाळ टिकते.
☑ जाहिरात	उत्पादन पाहूनच ग्राहक आकर्षित होतो.

४. ब्रॅण्डिंग व पॅकेजिंग करताना ग्रामीण शेतकऱ्यांनी घ्यावयाची पावले

1. स्थानिक ब्रॅण्ड तयार करा : गावाचे, शेती पद्धतीचे नाव वापरा – उदा. "सातपुडा सेंद्रिय तांदूळ".
2. समूह/संघाच्या माध्यमातून एकत्रित ब्रॅण्डिंग करा.
3. किफायतशीर पॅकेजिंग साहित्याचा वापर – ज्यूट बॅग, क्राफ्ट पेपर.

4. ग्राहकाचे फीडबॅक घ्या – पॅकेजिंग व ब्रॅण्डबाबत.

5. सेंद्रिय प्रमाणपत्राची माहिती पॅकेजिंगवर द्या.

६. निष्कर्ष

सेंद्रिय उत्पादनांची गुणवत्ता जशी महत्त्वाची आहे, तशीच त्यांची बाजारातील प्रभावी सादरीकरण (ब्रॅण्डिंग व पॅकेजिंग) देखील महत्त्वाची आहे. ग्रामीण शेतकरी तसेच सेंद्रिय उत्पादकांनी आपल्या उत्पादनांना एक वेगळी ओळख देण्यासाठी ब्रॅण्ड व पॅकेजिंगकडे गांभीर्याने लक्ष देणे आवश्यक आहे. यामुळे विक्रीत वाढ होईल, ग्राहकांची निष्ठा निर्माण होईल आणि ग्रामीण अर्थव्यवस्थेला बळकटी मिळेल.

प्रकरण १२: सेंद्रिय शेतीतील किफायतशीर अर्थकारण

सेंद्रिय शेती ही केवळ पर्यावरणपूरक नसून आर्थिकदृष्ट्याही किफायतशीर ठरते, जर ती योग्य नियोजन आणि व्यवस्थापनासह केली तर. रासायनिक खते, कीटकनाशके व महाग बियाणे यावरील खर्च टाळल्याने सेंद्रिय शेतीमध्ये उत्पादन

सेंद्रिय शेतीचा खर्च तपशील:

खर्चाचा प्रकार	रासायनिक शेती	सेंद्रिय शेती
बी-बियाणे	मध्यम ते जास्त	कमी (घरी तयार शक्य)
खत व कीटकनाशके	खूप जास्त	खूप कमी (घरगुती जैविक उपाय)
सिंचन	जास्त	कमी (मल्चिंग व जैव खतांमुळे)
मजुरी	समान / थोडीशी जास्त	पण उत्पन्न जास्त
एकूण खर्च	उच्च	तुलनेत ३०-५०% कमी

नफा मिळवण्यासाठी वापरायच्या उपाययोजना:

१. घरगुती सेंद्रिय इनपुट तयार करणे: जीवामृत, दशपर्णी, कंपोस्ट इ. स्वतः तयार केल्यास खर्चात बचत.

२. गटशेती व सामूहिक विक्री: मोठ्या प्रमाणावर सेंद्रिय उत्पादन व एकत्रित विक्री केल्यास दर चांगले मिळतात.

३. सेंद्रिय बाजारपेठांचा थेट लाभ घेणे: थेट ग्राहक विक्री (Direct Marketing) मुळे मध्यस्थ टळतात.

४. पीक फेरपालट व आंतरपीक पद्धती: एका हंगामात एकापेक्षा अधिक पीक घेतल्यास उत्पन्न वाढते.

उत्पन्नाचे अतिरिक्त स्रोत:

1. गांडूळ खत विक्री

2. शेणखत, जीवामृत विक्री

3. शेती पर्यटन (Agro-tourism)

4. सेंद्रिय शाळा, प्रशिक्षण केंद्र

सरकारी योजनांचा लाभः परसबाग योजना, भूजल योजनेसाठी अनुदान, सेंद्रिय खते व गांडूळ खतासाठी अनुदान, पीक विमा योजना.

प्रकरण १३: सेंद्रिय शेतीतील शाश्वतता व पर्यावरणपूरकता

आजच्या औद्योगिक शेतीमुळे मातीचा ऱ्हास, पाण्याची कमतरता, जैवविविधतेचा नाश यासारख्या गंभीर समस्या निर्माण झाल्या आहेत. अशा वेळी सेंद्रिय शेती ही केवळ एक शेती पद्धत न राहता, ती पर्यावरण रक्षणाचं साधन बनते.

१. शाश्वत शेती म्हणजे काय?

शाश्वत शेती म्हणजे अशी पद्धत जिच्यामध्ये: नैसर्गिक संसाधनांचा जपून वापर केला जातो,माती, पाणी, हवा यांचे आरोग्य राखले जाते, भविष्यातील पिढ्यांसाठी पर्यावरण टिकवून ठेवले जाते

२. सेंद्रिय शेती कशी टिकवू शकते पर्यावरण?

१. मातीची गुणवत्ता सुधारते: रासायनिक खते न वापरता सेंद्रिय खते (कंपोस्ट, शेणखत) वापरल्यामुळे माती सजीव राहते, गांडुळं, सूक्ष्मजीव जास्त प्रमाणात कार्यरत राहतात.

२. पाण्याचा योग्य वापर: मल्चिंग, ठिबक सिंचन, सेंद्रिय खतामुळे पाण्याची बचत होते, भूजल पातळी टिकवून राहते.

३. हवामान बदलावर नियंत्रण:

रासायनिक खतांपासून होणाऱ्या हरितगृह वायूंची निर्मिती टाळली जाते.

झाडे, झुडपे लावल्यामुळे कार्बन शोषण होते.

४. जैवविविधता वाढवते:

पक्षी, कीटक, फुलपाखरं, मधमाश्या यांना पूरक वातावरण निर्माण होते.

आंतरपीक, मिश्रपीक व वनशेती यामुळे परिसर सजीव होतो.

३. शाश्वत शेतीतील महत्त्वाचे घटक:

घटक	सेंद्रिय दृष्टिकोन
माती	सेंद्रिय खत, हरित खते, आच्छादन
पाणी	ठिबक सिंचन, पावसाचे पाणी संकलन
ऊर्जा	सौरऊर्जा, बैलशक्तीचा वापर
कीड नियंत्रण	नैसर्गिक अर्क, जैविक नियंत्रणे
पीक निवड	स्थानिक, प्रतिकारशक्ती असलेली वाणे

प्रकरण १४: सेंद्रिय शेतीतील सरकारच्या योजना व सहाय्य

सेंद्रिय शेती ही पर्यावरण रक्षणासोबतच आरोग्यवर्धक अन्न उत्पादनाचं साधन आहे. त्यामुळे भारत सरकार आणि विविध राज्य सरकारांनी सेंद्रिय शेतीसाठी अनेक योजना राबविल्या आहेत. या योजनांमधून शेतकऱ्यांना अनुदान, प्रशिक्षण, सेंद्रिय खते, प्रमाणपत्र व बाजारपेठेपर्यंत सहकार्य दिलं जातं.

१. राष्ट्रीय सेंद्रिय शेती मिशन (National Mission on Organic Farming - NMOF):

केंद्र सरकारची प्रमुख योजना.

शेतकऱ्यांना सेंद्रिय खते, कंपोस्ट यांचं उत्पादन व वापरासाठी प्रशिक्षण.

जैविक कीडनाशक तयार करणाऱ्यांना मदत.

प्रमाणित प्रयोगशाळा स्थापन करण्यासाठी आर्थिक सहाय्य.

२. परंपरागत कृषी विकास योजना (PKVY - Paramparagat Krishi Vikas Yojana):

गावाच्या पातळीवर गटशेतीला प्रोत्साहन.

५० एकर क्षेत्रावर एक शेतकरी गट तयार केला जातो.

प्रत्येक शेतकऱ्याला ५०,००० रुपये ३ वर्षांसाठी मिळतात:

सेंद्रिय इनपुट, बियाणे, प्रशिक्षण, प्रमाणपत्र, मार्केटिंग इत्यादीसाठी.

३. भूतल विकास योजना (Soil Health Management – SHM):

माती परीक्षणासाठी मोफत सेवा.

सेंद्रिय शेतीसाठी पोषक घटकांची माहिती.

माती आरोग्य कार्ड (Soil Health Card) वितरित.

४. राष्ट्रीय बियाणे मिशन व जैविक बियाणे बँक:

स्थानिक व सेंद्रिय बियाण्यांचा प्रसार.

पारंपरिक वाणांचे जतन आणि शाश्वत वापर.

५. इतर योजनांतून मिळणारे लाभ:

अ. राष्ट्रीय बागायती अभियान (MIDH):

सेंद्रिय बागायती पिकांसाठी मदत.

प्रक्रिया उद्योगासाठी अनुदान.

प्रकरण १५: सेंद्रिय शेतीतील यशोगाथा व प्रेरणादायक उदाहरणे

सेंद्रिय शेती म्हणजे केवळ एक पर्याय नव्हे, तर ती अनेकांसाठी आर्थिक, सामाजिक आणि वैयक्तिक यशाची किल्ली ठरली आहे. अभ्यास, चिकाटी आणि पर्यावरणावर प्रेम या तीन गोष्टींनी अनेक शेतकऱ्यांनी सेंद्रिय शेतीत क्रांती घडवली आहे.

१. सुभाष पाळेकर (महाराष्ट्र): झिरो बजेट नैसर्गिक शेतीचे जनक

मूळचे अमरावती जिल्ह्यातील.

रासायनिक शेतीतून नुकसान झाल्यानंतर सेंद्रिय व नंतर 'झिरो बजेट' शेतीचा पुरस्कार केला.

"जीवामृत", "बीजामृत", "आच्छादन" यासारख्या तंत्रांचा प्रचार.

आज देशभर शेतकऱ्यांना मोफत प्रशिक्षण देतात.

प्रेरणा: खर्चाशिवाय नैसर्गिक शेती शक्य आहे

२. कृष्णा वेताळ (सातारा, महाराष्ट्र)

केवळ २ एकर शेतीतून सेंद्रिय भाजीपाला व फळे घेतात.

थेट ग्राहकांपर्यंत विक्री करतात – कोणतेही मध्यस्थ नाहीत.

"सेंद्रिय फूड बास्केट" संकल्पनेतून दर आठवड्याला ग्राहकांना भाजी पोहोचवतात.

प्रेरणा: थेट विक्रीतून अधिक नफा आणि ग्राहकांशी विश्वासाचे नाते.

३. राजीव दीक्षित यांच्या प्रेरणेतून उभा राहिलेला 'नैसर्गिक शेती गट' (कोल्हापूर जिल्हा)

१००+ शेतकरी मिळून गटशेतीचा प्रारंभ.

सामूहिक जीवामृत, कंपोस्ट निर्मिती केंद्र.

एकत्रित उत्पादन आणि एकत्रित विक्री.

प्रेरणा: गटशक्तीमुळे खर्चात बचत, विक्रीत ताकद.

४. मीनाक्षी काले (नाशिक): महिला शेतकरी पुढे सरसावल्या

शेतकीनंतर प्रोसेसिंगमध्ये उतरल्या – कोरड्या भाजी, लोणचं, मसाले.

स्वतःचा 'सेद्रिय गृहउद्योग' तयार केला.

आज 20+ महिलांना रोजगार

प्रेरणा: महिलाही सेंद्रिय क्षेत्रात नेतृत्व करू शकतात.

५. कृष्णा देशमुख, औरंगाबाद

> "मी गेली ५ वर्षे सेंद्रिय भाजीपाला शेती करत आहे. सुरुवातीला मला उत्पादनाची काढणी योग्य वेळी कशी करावी, हे समजत नव्हते. पण नंतर मी स्थानिक कृषी अधिकाऱ्यांकडून मार्गदर्शन घेतले. आता मी सकाळी लवकर फळभाज्या काढतो. वारा, उष्णता यांचा परिणाम कमी होतो. बाजारात माझ्या उत्पादनांना अधिक मागणी असते. खरी शुद्धता आणि सेंद्रिय दर्जा टिकवून ठेवणं हे काढणीवरच अवलंबून असतं."

श्री. रामनाथ देशमुख, नांदेड –

नैसर्गिक पद्धतीतून जपलेली गुणवत्ता

"आम्ही सेंद्रिय तूर साठवण्यासाठी लोखंडी ड्रममध्ये जाड झाकण लावून ठेवतो. त्यात दर महिन्याला थोडीशी नीम पाने व लिंबाचा रस टाकतो. गेल्या २ वर्षांत एकदाही कीड लागलेली नाही आणि ग्राहकही खूश आहेत."

रामभाऊ जाधव, बीड

◇ "आम्ही आमच्या सेंद्रिय हरभऱ्याचे नाव 'ग्रामशुद्ध हरभरा' ठेवले. त्याचा आकर्षक लोगो तयार केला आणि सुशोभित पिशवीत 1 किलोच्या पॅकिंगमध्ये विक्री केली. त्यामुळे उत्पादनाला बाजारात चांगला दर मिळाला."

सविता कदम, सातारा

◇ "मुलींनी Women SHG तर्फे 'निसर्गमित्र' नावाने सेंद्रिय भाजीपाला विकायला सुरुवात केली. साडेसात इंचाच्या बायोडिग्रेडेबल पिशव्यांमध्ये पॅक करून विकल्यावर ग्राहकांचा प्रतिसाद भरभरून मिळाला."

प्रकरण १६: सेंद्रिय शेती : भविष्यातील संधी आणि आव्हाने

सेंद्रिय शेती ही निसर्गावर आधारित, पर्यावरणपूरक आणि दीर्घकालीन शेती पद्धती आहे. रासायनिक खतांचा व कीटकनाशकांचा वापर न करता, सेंद्रिय पदार्थांद्वारे जमिनीची सुपीकता आणि पीक उत्पादन टिकवून ठेवणाऱ्या या पद्धतीने जगभरात लोकप्रियता मिळवली आहे. सध्याच्या काळात वाढत्या पर्यावरणीय समस्यांमुळे आणि आरोग्यविषयक चिंता वाढल्यामुळे सेंद्रिय शेतीकडे अनेक शेतकरी आणि ग्राहक वळू लागले आहेत.

सेंद्रिय शेतीची गरज

आजच्या पारंपरिक शेतीमधील रासायनिक पदार्थांचा अतिरेक, जमिनीची झपाट्याने होत असलेली गुणवत्ता घसरण, पाण्याचे प्रदूषण आणि शेतकऱ्यांचे वाढते उत्पादन खर्च यामुळे शेती धोक्याच्या टप्प्यावर पोहोचली आहे. यामधून मार्ग काढण्यासाठी सेंद्रिय शेती हा एक पर्याय ठरू शकतो. ही शेती जमिनीचे आरोग्य,

पर्यावरणाचे संरक्षण आणि आर्थिकदृष्ट्या टिकाऊ उत्पादन यांचा समतोल साधते

भविष्यातील संधी

1. आरोग्याविषयी सजगता आणि मागणी

लोकांमध्ये आरोग्याबद्दलची जागरूकता वाढत आहे. रासायनिक अन्नपदार्थांपेक्षा सेंद्रिय अन्नसामग्रीला अधिक मागणी निर्माण होत आहे. त्यामुळे भविष्यात सेंद्रिय उत्पादनांसाठी मोठा बाजार उपलब्ध होईल.

2. निर्यात संधी

सेंद्रिय शेतीचे उत्पादन आंतरराष्ट्रीय बाजारात जास्त किंमतीला विकले जाते. भारतातून अमेरिका, युरोप, जपान यांसारख्या देशांमध्ये सेंद्रिय फळे, भाजीपाला, मसाले, तांदूळ इत्यादी निर्यात केली जात आहे. त्यामुळे शेतकऱ्यांना अधिक नफा मिळू शकतो.

3. पर्यावरणपूरक शेती

सेंद्रिय शेतीमुळे मातीची सुपीकता टिकून राहते, कार्बन शोषण वाढते आणि पाणी व हवेचे प्रदूषण कमी होते. पर्यावरण संवर्धनासाठी सेंद्रिय शेती महत्त्वपूर्ण भूमिका बजावू शकते.

4. कृषी पर्यटन (Agri-tourism)

सेंद्रिय शेती करताना त्याला पर्यटनाशी जोडल्यास शेतकऱ्यांना अतिरिक्त उत्पन्नाचे साधन मिळू शकते. शहरातील लोक निसर्गाच्या सान्निध्यात वेळ घालवण्यासाठी अशा शेतांमध्ये भेट देतात.

5. स्थानिक व स्वयंपूर्ण अन्नसाखळी

सेंद्रिय शेती ही कमी खर्चिक, स्थानिक स्रोतांवर आधारित असल्यामुळे स्वयंपूर्ण अन्नसाखळी निर्माण करू शकते. हे ग्रामीण विकासाला चालना देणारे ठरू शकते.

मुख्य आव्हाने

1. उत्पादनात घट

सेंद्रिय शेतीचे उत्पादन प्रारंभी कमी येते. त्यामुळे शेतकऱ्याला लगेच नफा होत नाही. पारंपरिक पद्धतीतून सेंद्रिय पद्धतीकडे वळताना शेतकऱ्यांना सुरुवातीला आर्थिक अडचणी येऊ शकतात.

2. प्रमाणपत्र (Certification) प्रक्रिया

सेंद्रिय उत्पादनांसाठी आवश्यक असलेली प्रमाणपत्र मिळवण्याची प्रक्रिया वेळखाऊ, खर्चिक आणि किचकट असते. अनेक शेतकऱ्यांना त्याची माहिती नसते.

3. बाजारपेठेचा अभाव

सेंद्रिय उत्पादनांसाठी स्वतंत्र बाजारपेठ सर्वत्र उपलब्ध नाही. त्यामुळे शेतकऱ्यांना त्यांच्या मालासाठी योग्य किंमत मिळणे कठीण होते.

4. शिक्षण व प्रशिक्षणाची कमतरता

सेंद्रिय शेतीचे शास्त्रीय ज्ञान, तंत्रज्ञान व पद्धती याबाबत शेतकऱ्यांमध्ये पुरेशी माहिती नाही. प्रशिक्षण आणि मार्गदर्शनाच्या अभावामुळे सेंद्रिय शेतीचा विस्तार मर्यादित राहतो.

5. राजकीय व धोरणात्मक अस्थिरता

केंद्र व राज्य शासनांच्या योजनांमध्ये सातत्याचा अभाव, अनुदानातील विलंब व धोरणातील बदल यामुळे शेतकऱ्यांचा विश्वास डळमळीत होतो.

उपाययोजना

शेतकऱ्यांना प्रशिक्षण व मार्गदर्शन देण्यासाठी कृषी विद्यापीठे, NGOs आणि सरकारने सेंद्रिय प्रशिक्षण शिबिरे आयोजित करावीत.

सेंद्रिय प्रमाणपत्र प्रक्रिया सुलभ करणे व त्याचे डिजिटलिकरण करणे आवश्यक आहे.

स्वतंत्र बाजारपेठ व मार्केट लिंकज तयार कराव्यात ज्यामधून शेतकऱ्यांना थेट ग्राहकांशी संपर्क साधता येईल.

शेतीवर आधारित उद्योगांची जोड (जसे की सेंद्रिय खत निर्मिती, प्रक्रिया उद्योग) देऊन शेतकऱ्यांना विविध उत्पन्नाचे मार्ग निर्माण करून द्यावेत.

गटशेती व सहकार चळवळीला प्रोत्साहन देणे, जेणेकरून उत्पादन खर्च कमी होईल आणि विक्री सुलभ होईल.

निष्कर्ष

सेंद्रिय शेती ही केवळ एक शेतीपद्धती नसून ती पर्यावरणीय, सामाजिक आणि आर्थिक शाश्वततेचा मार्ग आहे. भविष्यातील अन्नसुरक्षेसाठी, आरोग्यासाठी आणि नैसर्गिक संसाधनांच्या संवर्धनासाठी सेंद्रिय शेतीला मोठे महत्त्व आहे. यासाठी सरकार, शेतकरी, ग्राहक आणि नागरिक समाज यांच्यातील समन्वय आवश्यक आहे. योग्य प्रशिक्षण, आधारभूत सुविधा आणि बाजारपेठ मिळाल्यास भारत सेंद्रिय शेतीत जागतिक आघाडी घेऊ शकतो.

प्रकरण १७: सेंद्रिय कापूस पीक – नैसर्गिक पद्धतीने पांढरं सोनं

कापूस हे भारतातील एक महत्त्वाचे व्यापारी पीक असून, त्याला "शेतकऱ्यांचं पांढरं सोनं" असं म्हटलं जातं. परंतु रासायनिक शेतीत कापसाच्या उत्पादनासाठी कीटकनाशकांचा अति वापर होतो, जो शेतकऱ्यांच्या आरोग्याला, पर्यावरणाला आणि जमिनीलाही हानिकारक ठरतो. यावर उपाय म्हणजे सेंद्रिय कापूस शेती – जिथे रासायनिक घटक न वापरता नैसर्गिक पद्धतीने कापसाचं उत्पादन घेतलं जातं.

१. सेंद्रिय कापसाचे महत्त्व: भारतात सुमारे ५८% जैविक कापूस उत्पादन होते (जगातील सर्वाधिक).

आंतरराष्ट्रीय बाजारात सेंद्रिय कापसाला मोठी मागणी.

शाश्वत वस्त्रउद्योगासाठी कच्चा माल.

उत्पादनाच्या दरम्यान कीटकनाशकाचा वापर टाळल्यामुळे शेतकरी व पर्यावरण सुरक्षित.

२. सेंद्रिय कापसासाठी योग्य अटी:

घटक	सेंद्रिय कापूसासाठी आवश्यकता
जमीन	रासायनिकमुक्त (किमान २ वर्षांचा संक्रमण काळ)
हवामान	कोरडं, उष्ण हवामान (जून - नोव्हेंबर)
पाणी	ठिबक सिंचन किंवा हलकं पाणी
पीक फेरपालट	हरभरा, ज्वारी, मूग यांच्यासोबत रोटेशन

३. सेंद्रिय कापूस लागवड पद्धती:

अ. बियाण्यांची निवड: GM (जैव-संशोधित) बियाण्यांना मनाई, पारंपरिक देशी वाण – AKA-7, NHH-44, Jayadhar, Partech इत्यादी.

बीज प्रक्रिया – बीजामृत किंवा निंबोळी अर्क वापरावा.

ब. मातीची तयारी: नांगरणीपूर्वी सेंद्रिय खत (शेणखत, कंपोस्ट) टाकणे, झाडाझुडपांचे आच्छादन (मल्चिंग).

क. खते व पोषण: जीवामृत, गांडुळ खत, हरित खत (ससव, ढेंगळा), राख, गायीचा मूत्र अर्क.

ड. कीड व रोग व्यवस्थापन:

समस्या	उपाय (सेंद्रिय)
बोंड अळी	निम-अर्क, ट्रायकोग्रामा जिवाणू
पाने गुंडाळणारी अळी	लिंबोळी अर्क, दशपर्णी अर्क